SHENG WU KE XUE CONG SHU · 生物科学丛书

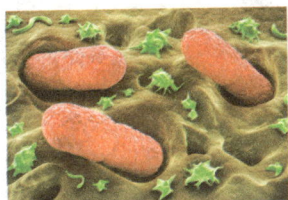

U0683116

生物神奇绝招

王兴东 著

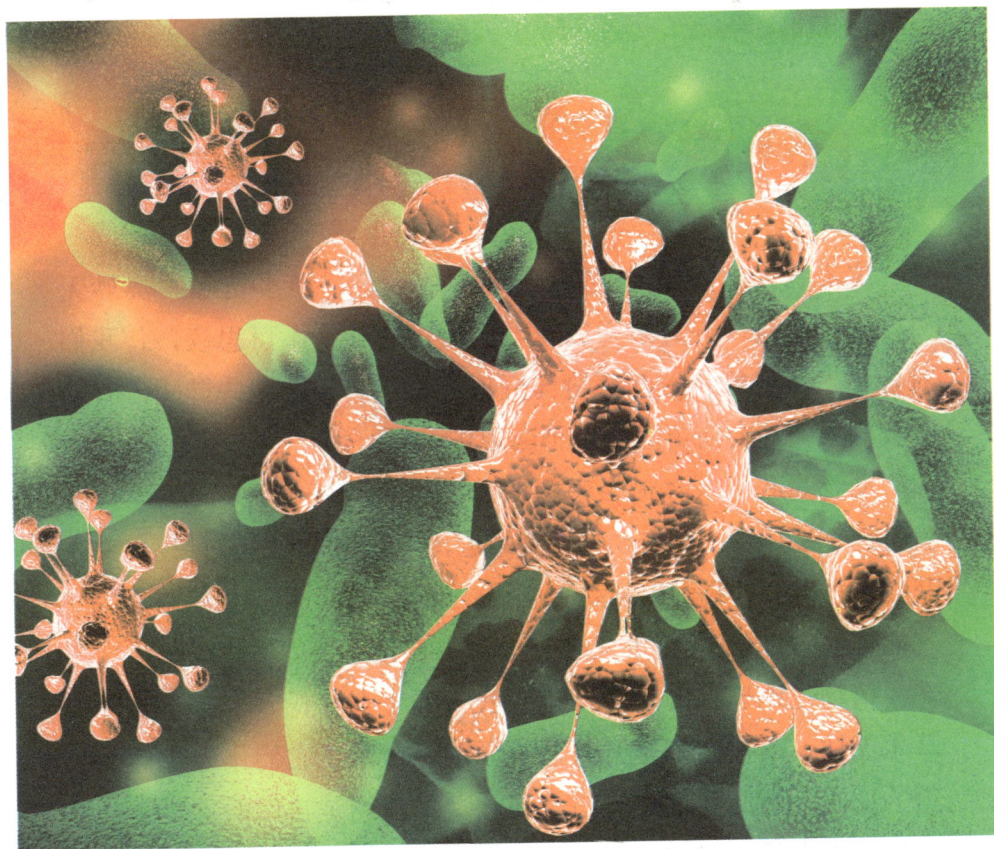

Wuhan University Press
武汉大学出版社

前 言

广袤自然，无边生物，真是无奇不有，怪事迭起，奥妙无穷，神秘莫测，许许多多的难解之谜简直让人不可思议，使我们对各种生命现象和生存环境简直捉摸不透。破解这些谜团，有助于我们人类社会向更高层次不断迈进。

动物是我们人类最亲密的朋友，我们拥有一个共同的家，那就是地球。尽管我们与动物相处最近，但动物中的许多神秘现象令我们百思不解。我们揭开动物奥秘，就能与动物和谐相处与共生，就能携手共同维护我们的自然环境，共同改造我们的地球家园。

植物是地球上的生命，也是我们的生存依托。千万不要以为草木无情，其实它们是有喜怒哀乐的，应该将它们作为我们最亲密的朋友。因此我们要爱惜一花一草。植物是自然的重要成员，破解植物奥秘，我们就能掌握自然真谛，就能创造更加美丽的地球家园。

生物是具有动能的生命体，也是一个物体的集合，可以说在我们周围是无处不在。特别是微生物，包括细菌、病毒、真菌以及一些小型的原生动物、显微藻类等在内的一大类生物群体，它们个体微小，却与我们生活关系密切，涵盖了许多有益有害的众多种类，我们必须要清晰地认识它们。

许多人认为大海里怪兽、尼斯湖怪兽等都是荒诞的，根本不可能存在，认为生活在恐龙时代的生物根本不可能还会活到今天。但一种生活在4亿年前的古老矛尾鱼被人们捕捞上岸，这一惊人发现证实了大海里确有古老生物的后裔存活。

生物的丰富多彩与无限魅力就在于那许许多多的难解之谜，使我们不得不密切关注。我们总是不断认识它、探索它。虽然今天科学技术日新月异，达到了很高程度，但我们对于那些无限奥秘还是难以圆满解答。古今中外许许多多科学先驱不断奋斗，一个个奥秘不断解开，推进了科学技术大发展，但人类又发现了许多新的奥秘，又不得不向新问题发起挑战。

为了激励广大青少年认识和探索自然的奥妙之谜，普及科学知识，我们根据中外最新研究成果，特别编辑了本套书，主要包括动物、植物、生物、怪兽等的奥秘现象、未解之谜和科学探索诸内容，具有很强的系统性、科学性、可读性和新奇性。

目 录
CONTENTS

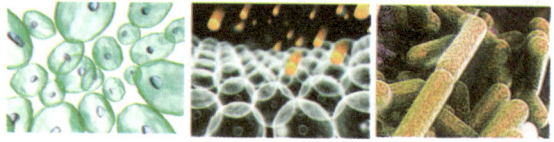

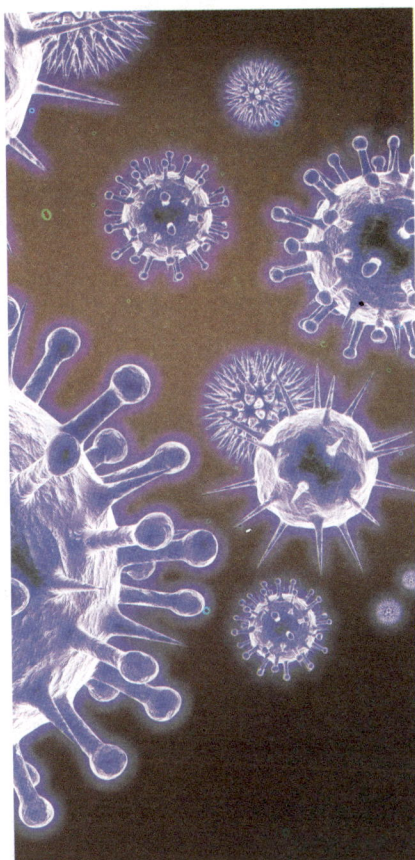

田园奇才放线菌

活跃于土壤中的放线菌

土为什么这么肥沃？土里到底有些什么东西？土为什么会散发出泥土的芬芳？

如果泥土中的生命会说话，它一定会告诉你：土壤里有土壤颗粒、水、盐、矿物质。一粒土壤便可以称为一个微生物世界，每克肥沃的土壤就含有几亿或数十亿的微生物。

其中，使泥土具有泥腥气味的正是一类比细菌高级一点的微生物——放线菌。

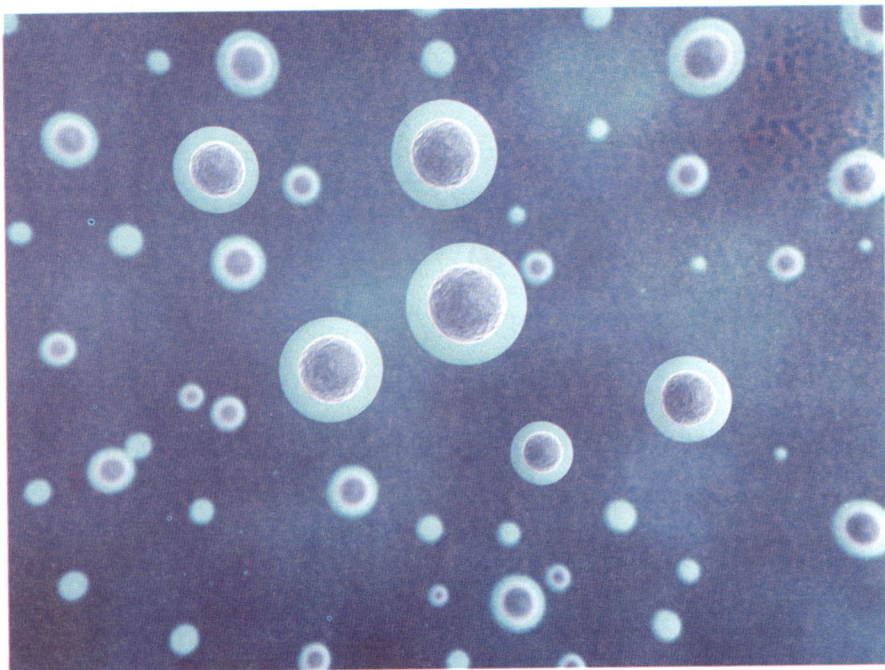

"放线菌"的确是"菌"如其名，它仿佛是许多线丝乱七八糟地扯在一起形成的。别看有这么多条线丝，实际上它只是一个细胞。有人形容它为微生物世界的菊花，这些线丝就是它伸展开来的"花瓣"。

实际上，这种比喻并不科学。一朵盛开的菊花并不是一朵花，它是由许许多多小的舌状花、筒状花组成的花序。与此相反，纷乱的菌丝组成的放线菌只是一个单细胞。

放线菌的生长比细菌慢，但它的个子要比细菌长得多。单细胞的个体向周围伸展出菌丝体，而且有分枝，分枝而成的细丝就叫作菌丝。

如果我们把放线菌放在固体培养基上培养，这一个细胞可以长出类似枝条和根的东西。伸展在半空中的枝条叫作气生菌丝；

在气生菌丝顶端能产生各种形状孢子的叫作孢子丝。

放线菌的孢子丝长得多种多样，有的是直链状，有的是波浪状，有的弯曲成螺旋一样。孢子丝的形态是放线菌的特征，可以帮助我们识别不同的放线菌菌种。

孢子是由孢子丝横断分裂或原生质凝聚而成，就像一串佛珠。它有很厚的孢子壁，如同植物种子的硬壳，能保护孢子不受外界恶劣条件的伤害。放线菌的种类不同，孢子的形状和颜色也不一样。有的孢子是球形，有的像枣；有的表面光滑，有的表面粗糙，有的还有小刺或鞭毛。

孢子是放线菌传宗接代的工具，离开菌体的孢子能长时间不死，当遇到适宜条件就发芽形成新的菌丝体。

将放线菌产生的大量成熟孢子采集下来，装在既无营养又无水分带有沙土的小玻璃管中，放入冰箱，这些孢子就能很安然地在这个"小仓库"中保存很长的一段时间。

除了有伸到空中的气生菌丝外，还有类似根一样伸入培养基专门吸收营养的营养菌丝，这些营养菌丝仿佛是深深地扎入土壤中的树根，使菌落长得很牢固。

放线菌常以孢子或菌丝状态广泛地存在于自然界。不论数量还是种类，以土壤中最多。据测定，每克土壤中含有数万乃至数百万个孢子，放线菌产生的代谢产物往往使土壤具有特殊的泥腥味。

看来，土壤不仅给我们带来了人类赖以生存的粮食和蔬菜，也孕育了这株微生物世界的奇葩——放线菌。

活跃于抗生素中的放线菌

链霉素、氯霉素、土霉素……这些是我们在医院中常常见到的抗生素，你知道它们是由谁生产制造出来的吗？

这些能化险为夷、功不可没的抗生素正是由放线菌产生出来的。据统计，目前全世界使用的抗生素药品约有80％来自于放线菌。

我们熟悉的链霉素是由一种叫灰色链丝菌的放线菌产生的，它对肺结核病非常有效。

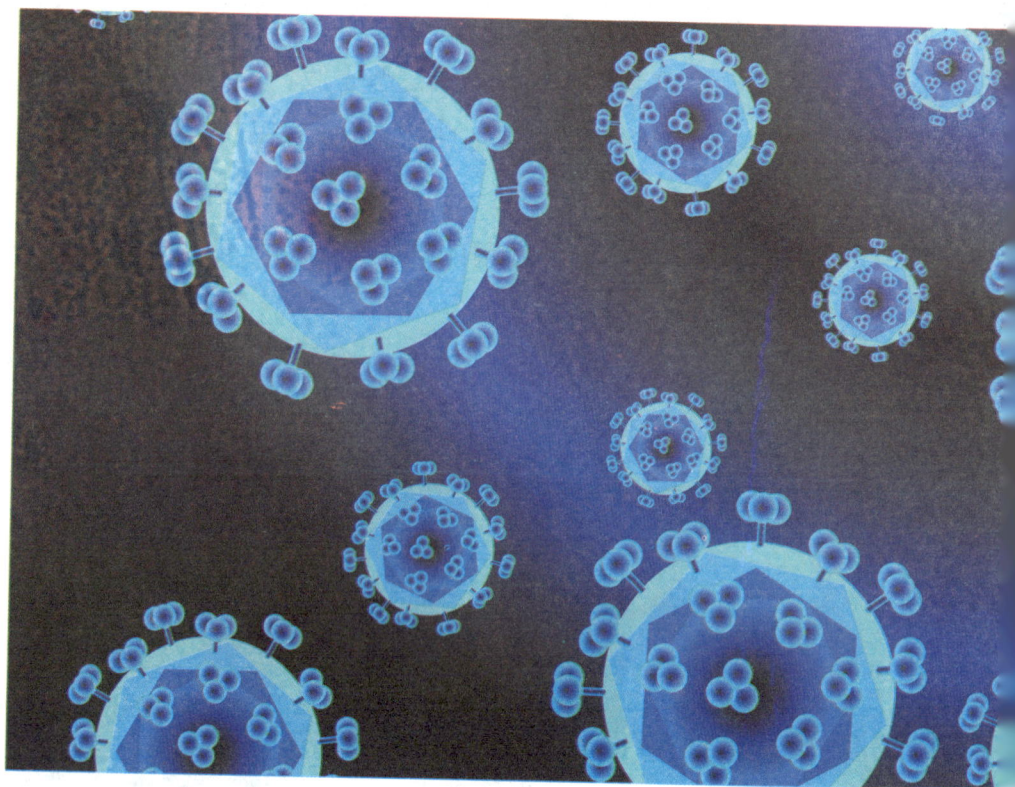

　　在福建省的土壤中找到的龟裂链丝菌，它能产生巴龙霉素，是治疗阿米巴痢疾和肠炎的特效药；从山东济南的土壤中找到一种放线菌产生创新霉素，它最适宜治疗大肠杆菌引起的各种感染；对烧伤病人防止致病菌感染的由小单孢菌产生的庆大霉素和由小金色放线菌产生的春雷霉素；由龟裂链丝菌产生的金霉素和四环素、委内瑞拉链丝菌产生的氯霉素以及许多链丝菌都能产生的新霉素可以用来治疗多种疾病。

　　因为这些抗生素能抑制许多致病菌，所以又有广谱抗菌素之称。由红链丝菌产生的红霉素和在贵州土壤中分离的一种放线菌产生的万古霉素常常用来治疗其他抗生素医治无效的疾病。

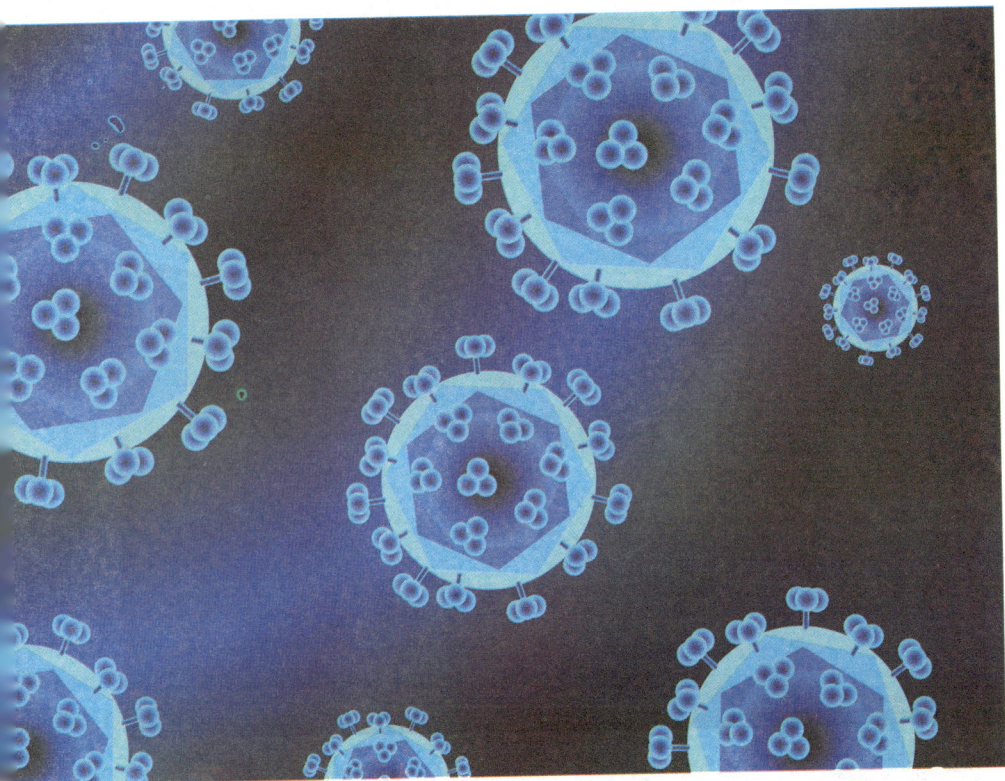

　　由放线菌产生的克念菌素、制霉菌素能抑制致病的真菌。此外，放线菌产生的抗癌抗生素也已经应用于临床。

放线菌的延伸研究

　　在放线菌的研究中，人们经常思考着这样一个问题：它们为什么会产生多种多样的抗生素呢？有人认为这是放线菌为了保护自身的生存，用来对付其他生物的一种武器；也有人认为抗生素是菌体在新陈代谢过程中的解毒产物；或者它只是毫无用处的排泄废物；还有人认为抗生素是细胞中的储藏物质，以备必要时用。究竟谁是谁非，现在还无法断定。

　　不过，人们已经发现了在放线菌的细胞中，有一种叫质粒的结构与抗生素的产生有密切关系。因此，不少人认为，各种抗生素的产生是由自然界中存在的各种质粒决定的。

质粒最早是20世纪50年代初期在大肠杆菌中发现的，它能够决定细菌的"性别"。后来，人们发现它的作用不仅如此，它还与痢疾杆菌的抗药性有关，与大肠杆菌产生的一种毒素也有关系。

到了20世纪60年代，人们又发现质粒决定着放线菌抗生素的产生。如果我们设法把质粒从细胞中除去，那么，痢疾杆菌就会失去抗药性，大肠杆菌不再分泌毒素，放线菌也不产生抗生素了。

几种抗生素质粒是染色体外的遗传因素，它可以进行自我复制，能代代相传，并控制着细胞的一些特性。

质粒还有一种特有的性格，它不像其他的一些细胞结构那样"安心在一个岗位上工作"，它经常"跳槽"。当两个细胞接触时，它可以从一个细胞跳到另一个细胞中去，也可以被噬菌体带着"走亲戚"。

质粒转移到新的细胞，可以使新的细胞具有质粒所控制的特性。如果能将产生抗生素的质粒转移，不仅可以使原来不会产生抗生素的微生物产生抗生素，而且还可以人工制造出能生产几种抗生素的新的微生物来。

在抗生素出现之前，磺胺药剂有一个短暂的全盛时期，但由于菌体对磺胺产生了耐药性，而且，这种耐药性不仅能够遗传，而且还具有广谱性。抗生素一经发现和应用后，很快就取代了磺胺药。随着科学的不断发展，药物也在不断地推陈出新。

测定抗生素的抗菌谱

抗生素能治疗疾病，但具体的某种抗生素到底能治疗哪种疾

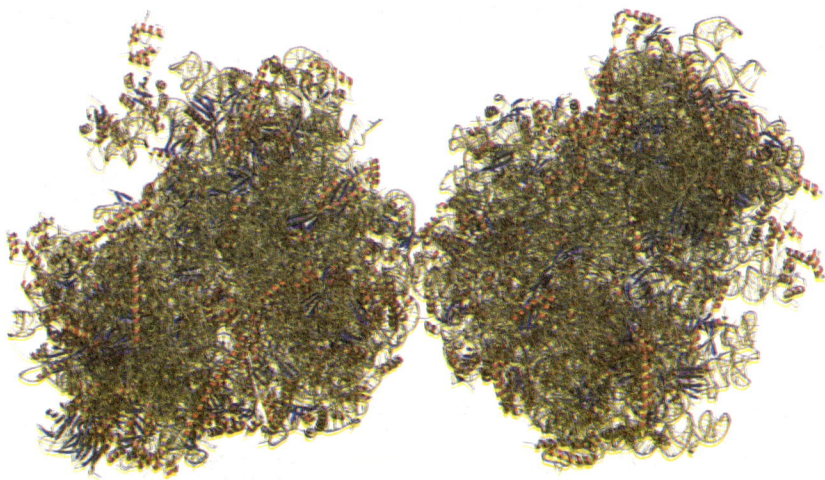

病呢？这就需要进行抑菌试验，测定抗生素的抗菌谱。这项工作的大致过程是这样的：

先把抗生素涂抹在供致病菌生长的固体培养基上，然后分别接种上各种活的致病菌，在一定条件下经过一段时间培养，观察致病菌类的生长繁殖情况，推断出这种抗生素对哪些致病菌有抑制作用，再通过其他方法配合考察、研究，便能确定这种抗生素是否可以用来治疗这种致病菌所引起的疾病。

抗生素的使用给人类的健康提供了保障，但是，如果剂量使用不当，就会给人类带来这样或那样的麻烦。剂量不足，不但达不到杀菌目的，反而会使致病菌产生耐药性；剂量过大又会对人体产生副作用，甚至威胁生命。

有时，即使是在正常剂量范围内，也会使有些人产生可怕的过敏反应，若抢救不及时，还会导致死亡。在注射青霉素时，必须先做"皮试",就是为了避免过敏反应。

据报载,一位女士由于害怕疼痛,注射青霉素时央求该医生免去皮试,并声称自己以前做过皮试,无任何过敏反应。因是熟人,医生勉强同意。不料,注射后,该女士突然出现一系列过敏反应,虽经及时抢救,但仍旧一命呜呼。唉!为了免去一痛,竟然连性命都丢掉了。

庆大霉素、链霉素、妥布霉素和卡那霉素等都属于氨基糖苷类抗生素。其抗菌谱主要针对革兰氏阴性杆菌,常用于感染性腹泻,如急性肠炎、急性菌痢等。尤其是庆大霉素,因其价格低廉,疗效好,临床应用范围之广可与青霉素媲美。

但是,这类抗生素的毒副作用也很可怕,它能导致耳聋、肾毒性造成的肾功能衰竭。所以,使用此类抗生素,一定要在医生的监护下进行,如果有可能,在血药浓度监测下用药,这样,就可以避免一失足成千古恨的事件发生。

小知识大视野

放线菌在自然界分布广泛,主要以孢子或菌丝状态存在于土壤、空气和水中,尤其是含水量低、有机物丰富、呈中性或微碱性的土壤中数量最多。放线菌只是形态上的分类,不是生物学分类的一个名词,有些细菌和真菌也可以划归到放线菌中。

微生物治理地球环境

地球环境污染现状

到目前为止，全球已有1.25亿人口生活在污染的空气中；12%的哺乳动物和11%的鸟类濒临灭绝，每24小时就有150至200种生物从地球上消失；14亿人口的生活环境中没有污水排放装置；全球每年土壤流失达200亿立方米；全世界的森林正以每年460万公顷的速度从地球上消失。

大气污染是诱发疾病的重要因素之一，有害气体是当今世界极重要的污染源。美国每年有50000人死于空气污染；在欧洲，二氧化硫每年夺走6000～13000人的生命，使20万名呼吸道疾病患者病情恶化。

此外，二氧化氮污染，今后几年将使6000万欧洲人肺功能减退；臭氧污染将使100万儿童患感冒或眼睛发炎，全世界每天有800人因呼吸受污染的空气而早亡。工业的发展已经严重威胁着人类的正常生活。

人们应当牢记这样一条警句："即使没有核战争，生态环境的破坏也足以毁灭人类自身。"

地球是我们人类共同的家园，我们必须承认正是她以博大精深的母爱养育着万物，然而现在人类却并没有珍惜她，而是一方面掠夺她的财富，另一方面又摧残她的躯体，她怎能不痛苦、不哭泣！近几年频出的酸雨和厄尔尼诺现象就是她的"眼泪"。

工业现代化给人类带来了高度的物质文明和社会繁荣，同时也播下了环境污染的苦果。保护人类赖以生存的地球，给后代留下一个洁净的生存空间，已成为当今有识之士的共识。我们必须加强环境保护的力度，来拯救我们赖以生存的星球。

自然环境保护标兵

科研人员正不断更新环境保护的方法，提高治理和防御的效果。在环境污染中，废水的污染尤为严重，直接威胁着我们人类

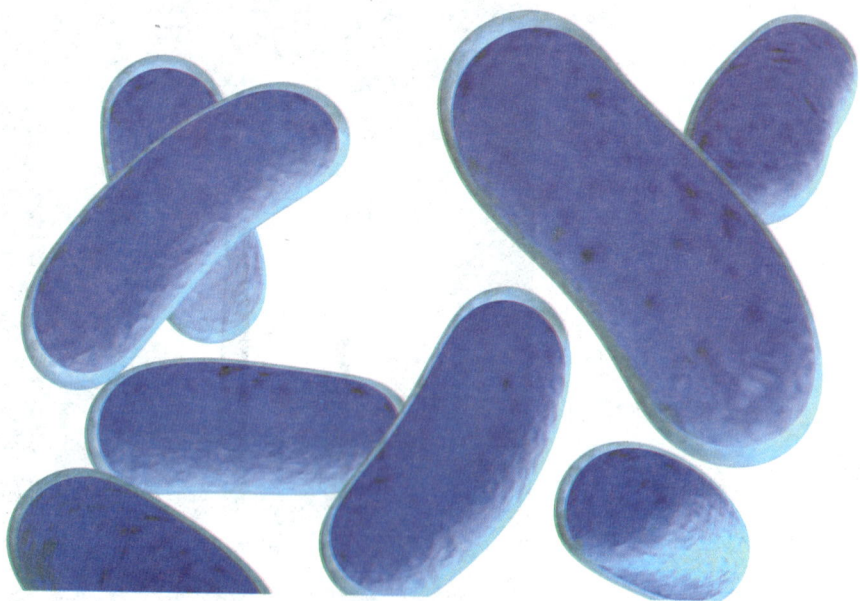

的生存。科研人员在研究中发现，用微生物处理废水和石油污染具有效率高、成本低的优点，因而备受人们青睐。

用微生物处理废水，效果与化学方法处理一样，而成本只有化学方法的1/10。

其实，在人们还没有发现并利用微生物处理废物、净化环境以前，微生物就已经默默无闻地独揽着净化大自然的重要使命。

地球上每年动物、植物的生成量达5000亿吨，在它们生命活动结束之后，如果不是微生物悄悄地把遗留的尸体残骸分解并转换的话，那么，地球上的这些废物一直堆积起来真是会出现可怕而又难以想象的局面。我们上月球也许就不必发射宇宙飞船了，只需爬上垃圾堆就可以进月球了。

看来，大自然环境保护标兵的桂冠非微生物莫属了，人类真应该真诚地感谢这些微小的"朋友"。

微生物是怎样"治理"环境的呢？能除掉废水中毒物的"功臣"主要是微生物包括细菌、霉菌、酵母菌等和一些原生动物，它们能把水中的有机物变成简单的无机物，通过生长繁殖活动使污水净化。

有种芽孢杆菌能把酚类物质转变成醋酸作为营养物质吸收利用，除酚效率可达99％，有的微生物还能把稳定有毒的DDT转变成溶解于水的物质而解除毒性。

微生物治理水域环境

除了废水污染外，石油对水体的污染也很严重，每年运输过程中有150万吨原油流入世界水域，同时由于近年来原油和各种精炼石油产品在陆地上就地排放或进入水域中，特别是油船遇难或由于海上钻井的操作失控，引起石油的大规模泄漏，使水域被石油污染。

　　消除石油引起的水质污染也是治理环境污染的一大重点。用微生物处理石油污染既经济又快捷。

　　美国宾夕法尼亚州某村地下泄漏了约6000加仑汽油，严重污染了水源，影响供水。最初，事故的责任者使用的是掘井提油的办法，即开掘能够打出地下水的深井，用泵打捞浮在水表层的汽油，用这种方法约除去了3000加仑。但剩下的汽油如果仍采用这种方法清除，预计尚需100年时间。

　　在不得已的情况下，事故责任者决定利用培养当地有分解汽油能力的细菌的方法来解决，从而成功地进行了净化。微生物净化石油的方法将是21世纪环境治理的主要手段之一。

　　石油是多种烃类组成的混合物，仅是一种细菌不可能完全分解石油。现在科学家们将能降解石油的几种基因结合转移到一株假单孢菌中，构建"超级微生物"，能够降解掉多种原油成分。

在油田、炼油厂、油轮和被石油污染了的海洋、陆地都可以用这种"超级微生物"去消除石油污染。

微生物治理农业环境

施用化学农药和环境卫生杀虫药剂都是造成环境污染的人为因素，应用生物杀虫剂和生物防治方法，已成为生物技术应用的新领域。

1989年，吉隆坡医学研究所在一处密林沼泽地发现了一种苏云金杆菌的亚种"马来西亚菌"，这种菌可在发酵椰壳等农业废弃物中大量繁衍。可把含有这种细菌的发酵椰壳磨碎，稀释后喷洒到蚊虫滋生场所灭杀蚊子的幼虫。用这些生物灭蚊剂不会污染环境而留下后患。

科学在进步，社会在发展，我们相信经过科技工作者的共同努力，治理环境污染必定可以取得成功。让我们人类还给地球一个洁净的空间，把我们的家园建设得更加美丽富饶。

小知识大视野

微生物的个体一般呈单细胞或接近单细胞，它们通常都是单倍体，加之它们繁殖快、数量多，并与外界直接接触，因此，微生物具有易变异的特点。科学家利用这一特点，选育出特定的微生物以分解难降解的有机物，如人工合成的杀虫剂、洗涤剂、塑料等来治理环境，成本既小，又不会产生化学污染。

细菌"吃"飞机的启示

嗜硫细菌毁掉飞机

红霞涂抹的远处群山，机场内，四架喷气式飞机在跑道上滑行，顷刻，它们迎着喷薄的红日，带着浓浓的"白烟"，展翅飞向蓝天。当飞机升到20000米的高度时，突然，一架战鹰形如醉汉，急剧地向下翻滚，一头钻进大海。这是几十年前发生在美国傍海飞机场的悲惨一幕。

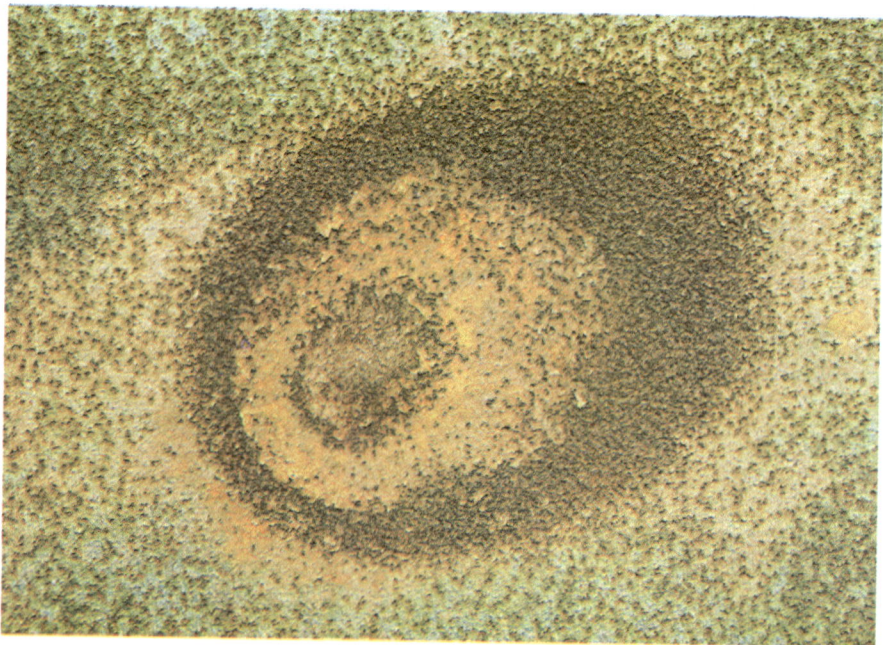

令人遗憾的是，类似的悲剧还不止一次。

为什么一架正常飞行的飞机会突然失控呢？这个问题使美国安保人员及有关科学家大伤脑筋。虽进行了详细的调查，但未能找到问题的答案。

后来，有人偶然在一架飞机的燃料箱里发现了一种"锈"物，这无疑是一个重要线索。飞机的燃料及油箱要求是很严格的，怎么会有"锈"物呢？于是，这种"锈"物就被请到了实验室，化验后问题真相大白。原来，罪魁祸首就是这小不点儿的细菌。细菌能有这么大的能耐吗？竟能吃掉现代化的喷气式飞机？

这是一种嗜硫细菌，当它在燃料箱体上驻扎之后，就会在那里繁衍生息，以燃料中的硫黄为食，然后，排出代谢产物——硫酸，腐蚀箱体，或通过输油管损害发动机零件，从而造成人们不易觉察的"内伤"，以致造成机损人亡的惨剧。

这事提醒人们，飞机上千万不能让嗜硫细菌"光顾"。

化害为宝转战冶炼行业

小小的嗜硫细菌蚕食大飞机，这使美国空军蒙受了巨大的损失。但是，坏事也能变能好事。独具慧眼的科学家因此而受到启发，他们化害为益，对嗜硫细菌加以巧妙利用，获益匪浅。

起初，嗜硫细菌被送到炼油厂，它不负众望，大吃特吃，不断地蚕食石油中的硫黄，有效地使炼油设备、输油管道免遭腐蚀。接着，它声名鹊起，被"聘"于炼铜厂。面对坚硬的铜矿石，它以蚂蚁啃骨头的精神，施展出独门功夫——将铜矿石中的硫黄"啃"得干干净净，同时，用自产的硫酸将矿石与铜"各居一方"，极大地提高了铜的开采率。

继而，这小不点儿嗜硫细菌开始转战南北，在锰、钼、亚铝、镍等金属的提炼领域中，以自己的优势，勤奋工作，留下了光辉的足迹。现在，科学家鉴于嗜硫细菌在冶金工业上所表现的

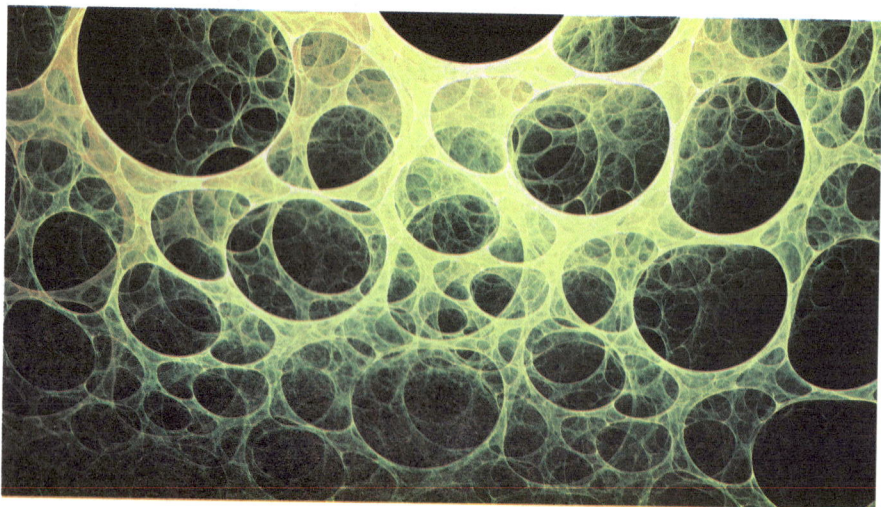

特殊本领，又大胆提出设想，试图将它推到核工业中的炼油作业上，使它为人类做出更大的贡献。

科学上的问题往往就是这样，能化腐朽为神奇，嗜硫细菌本是"吃"飞机的灾星，但科学家具有发现和创新的独特本领，一分为二地对待它，将不利因素化为有利因素，化害为宝，使其成为造福人类的挚友。

小知识大视野

嗜硫细菌是能氧化硫化合物的细菌。按其取得能量的途径可分为光能营养菌和化能营养菌两种。光能营养菌产生细菌叶绿素和类胡萝卜素，呈粉红、紫红、橙、褐、绿等色，都是厌氧光合菌，多栖息于含硫化氢的厌氧水域中。化能营养菌都是不产色素的好氧菌，栖息于含硫化物和氧的水中，能将还原性硫化物氧化成硫酸。

害人又救人的微生物

令人闻之色变的瘟疫

谈及"流行性感冒",几乎是无人不知,无人不晓。谁没有遭受头痛、发热、流涕、鼻塞的折磨呢?但你知道吗?流感曾是或者仍是人类所痛恨的杀人恶魔呢:1918～1919年的几个月间,流感杀死的人比第一次世界大战4年间所死的人还要多!1995年11月27日至12月3日,莫斯科市就有12.6万人患感冒,而且患病人数与日俱增。

因为这一原因,莫斯科市教育局决定从12月11日到12月18日学校放假,而且因为情况的恶化而不得不延长假期。这可怖的疾病是如何引起的呢?难道真如古代巫医们所说是魔鬼附身吗?

早在14世纪,一种"魔鬼"开始肆虐欧洲大地,它指挥着"黑死病"——鼠疫狞笑着走过欧洲的每一个国家。所到之地,到处都是失去亲人的哀号和病人痛苦的呻吟。

它毁灭城市,夺走了几乎占整个国家1/2以上的生命。这个横行霸道的魔鬼,给人类带来了生存史上空前的浩劫,仅是14世纪在欧洲的一次流行,就夺走了2500万人的生命。

这是历史上惨痛的一页。但是,更为惨痛的却是人类在恶魔面前束手无策。在科学处于窒息和被压制的黑暗时代，人们只有求助于骗人的巫医、无知的迷信。但咒语、"神术"并非回春之术，人们只有眼睁睁地看着病中的亲人痛苦地死去。

"魔鬼"的恶爪还在延伸，白喉、霍乱、天花……层出不穷的传染病夺走了无数宝贵的生命。就是今天我们觉得很普通的肺炎，在几十年前，还使许多老人和小孩丧失了生命。"驱魔"的烟火驱散不了黑色的乌云，喃喃的诅咒扼杀不了魔鬼的咽喉。

这些该死的杀人恶魔是谁？它们耍了什么手段夺走了千百万人的生命？我们知道，温泉可以治疗疾病，但在法国，"治"病的温泉却成为"致"病的场所。1987年，法国南部的一个温泉中心发生了35宗病人因接受温泉治疗而患上脑膜炎或肺炎的病例，谁是无形的凶手呢？夏天，放久的饭会变味，令人难以下咽，我们说它"馊"了；在潮湿的环境中，面包上会长出青色或绿色的绒毛层，我们说这面包已经"发霉"了，这一切，又是谁的过错呢？人类寻觅着、探索着，同死亡、疾病和无数的疑难问题进行着不懈的斗争。

化腐朽为神奇的微生物

世上之事真是无奇不有，在人类千方百计寻找真凶的时候，人们却发现土壤里存在大批的"劳动者"，大地拥有无数的"清洁工"，它们默默无闻地耕耘，除污秽、解固体，移土壤之山，倒废物之海，呼酵素之风，唤氮气之雨。日复一日，年复一年，它们苦心经营着土地，化腐朽为神奇。森林繁盛起来了，庄稼丰收了，而这个勤劳的功臣又是谁呢？

传说中，大禹时代有一个叫做狄仪的，偶尔尝到一种东西，觉得味道甘冽香醇，就想方设法自己动手制作，于是深受人类喜爱的酒诞生了。从此，中国人就有了酒喝。我们应该感谢狄仪，但更应该感谢隐藏在酒窖中辛勤工作着的那些秘密"功臣"。

西方的汉堡包，中国的馒头，还有豆腐乳、醋、酱油、泡菜，以及我们爱喝的酸奶，如果没有那些默默隐藏着的"劳动者"，恐怕不论人们怎样辛勤地工作，也不会做出如此美味的食品。祸首是谁？长得青面獠牙，令人憎恶吗？功臣又是谁？是慈眉善目的老者吧？不！它们本属同类。它们就是大自然中不可思议的微小生命——微生物。

小知识大视野

19世纪中期，以法国的巴斯德和德国的柯赫为代表的科学家才将微生物的研究从形态描述推进到生理学研究阶段，揭露了微生物是造成腐败发酵和人畜疾病的原因，并建立了分离、培养、接种和灭菌等一系列独特的微生物技术，从而奠定了微生物学的基础，同时开辟了医学和工业微生物等分支学科。

微生物中的"少数民族"

狡猾的立克次氏体

有一类微生物与细菌很相像，个子稍小，结构与细菌类似，但生活习惯与细菌大不相同，它们专门生活在活细胞中，在活细胞中要吃要喝，是典型的寄生虫。

与这个生活习惯相适应，它们的细胞膜较疏松，物质进出较自由，尽管方便了取食，但它们注定离开寄主就无法生存。

这时候，你肯定会想，如此一来，一旦寄主死去，它们岂不就断子绝孙了吗？

不用担心，它们狡猾得很，早为自己找好了退路，它们可以通过蚤蜱螨等吸血昆虫作跳板，先在这些吸血昆虫的胃肠道上皮细胞中增殖并大量存在其粪便中。

　　人受到叮咬，抓痒痒时，它们就随着昆虫的粪便从抓破的伤口或直接从昆虫下嘴处进入人的血液并在其中繁殖，流行性斑疹伤寒、羌虫热等都是因此引起的。

　　当蚤等又叮咬病人吸血时，它们就从人血中到达虫体内繁殖，如此循环往复，以至无穷。

　　由于这类微生物最早是于1910年由一位名叫立克次的美国医生发现的，他在研究中不幸感染去世，为纪念他就将这类微生物命名为立克次氏体。

易形高手支原体

你知道世界上能独立生存的最小生物是什么吗？是支原体。

这类原核微生物没有细胞壁，细胞膜柔软，能透过细菌滤膜（这种滤膜可以截留住细菌），而且外形多变，是著名的易形高手。

支原体能引起人和畜禽呼吸道、肺、尿道以及生殖系统的炎症，它们还是组织培养的污染菌，并能引起植物患黄化病、矮缩病等。

原核微生物衣原体

如果你不幸患了沙眼，眼睛又痒又痛，难以忍受时，知道是哪种小东西在作祟吗？这是又一类原核微生物——衣原体。它比立克次氏体小，但比病毒大，这是又一类典型的寄生虫，必须在活细胞中才能生存，而且比立克次氏体能耐还大，不需要昆虫媒介，直接就能侵入宿主细胞。

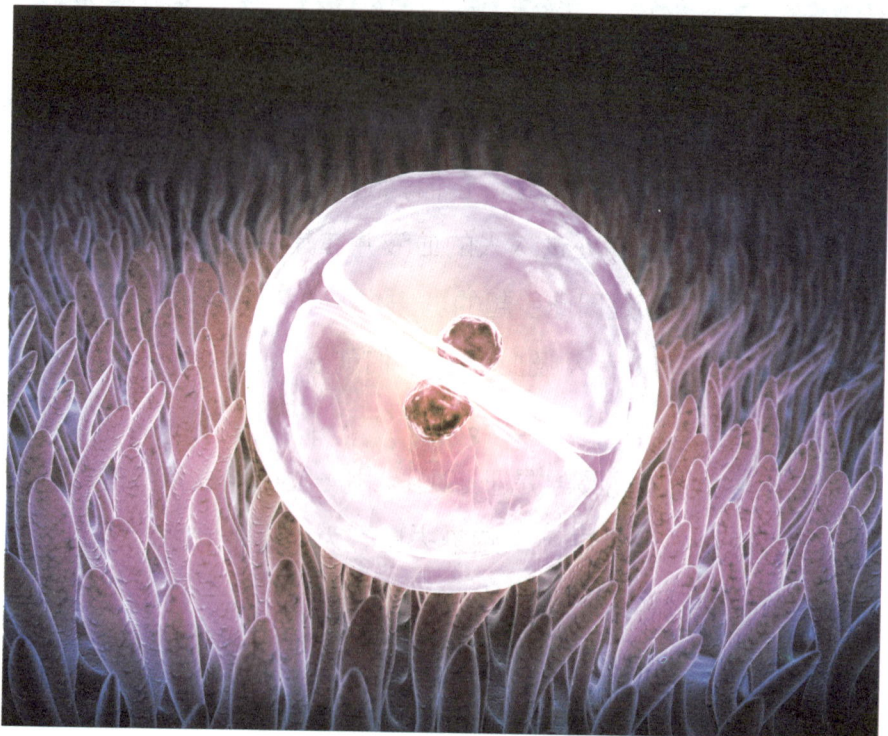

　　引起沙眼病的是沙眼衣原体，它侵染人眼的结膜和角膜，引起颗粒性结膜炎和角膜炎，而且可随泪腺分泌物传染给别人。如和患者共用一条毛巾就极易染上沙眼病，所以我们平时就应该养成良好的卫生习惯，注意用眼卫生，不给衣原体可乘之机。

小知识大视野

　　微生物可分为8大类，即细菌、病毒、真菌、放线菌、立克次体、支原体、衣原体和螺旋体。它们的共性是体积小，分布广；吸收多，转化快；生长旺，繁殖快；适应强，易变异。

微生物中的"巨人"家族

庞大的真菌家族

真菌在微生物世界中可以称得上是个"巨人"家族。真菌的个头较大，除少数单细胞真菌需要靠显微镜才能看到外，大部分真菌用肉眼就能看得到。

这个"巨人"家族里的成员，现在知道的有50000多种，其中

的许多成员对我们来说都是很熟悉的。例如，在潮湿的大气里，家具、衣服上常常发现长了霉，我们做酱、豆豉用的曲霉菌和毛霉菌，发面、酿制啤酒用的酵母菌等，都是真菌。就连人们爱吃的蘑菇、木耳，也都是真菌大家族的成员。

这些大大小小的真菌，和前面已经说到的细菌、放线菌又有什么区别呢？

它们之间的主要区别就在于：真菌的构造和繁殖的方式比细菌和放线菌要高级和复杂得多。

　　首先，真菌大多不像细菌和放线菌那样只是一个单细胞，而是由多细胞组成的。其次，它们的细胞核分化很明显，而且有核膜，也就是说，它有真正的细胞核。再次，在繁殖方式上，真菌不但能进行分裂繁殖，还能通过有"性别"分化的孢子彼此结合进行有性繁殖。

霉菌的生成轨迹

　　如果细心观察，我们就会知道霉菌一生的经历。例如，一块发霉的馒头先是长出了细毛（我们叫它菌丝体），开始是密密麻麻的白丝或灰丝，过几天用放大镜观察，可以看到菌丝顶端慢慢长出了一个小颗粒，再过几天，那些小颗粒又变成了黑色的孢子囊。

　　接着，孢子囊就破裂开来，里面的孢子就向外到处飞散，最后，馒头上就只剩下像黑色粉末样的孢子了。孢子再萌发，就又长出新的菌丝体来。这就是一种叫作黑根霉的生活史。

真菌运用的悠久历史

我国在认识和利用真菌方面有着悠久的历史。根据历史文献记载，早在两千多年以前，蘑菇、木耳等真菌已成为我国人民所喜爱的食品，茯苓、灵芝也早已成为广泛应用的重要药材。

在距今1300多年前的唐朝，就有了关于栽培食用菌的记载；而根据日本江户时代的《温故斋王端编》记载，日本的香菇栽培技术就是从中国流传过去的。草菇栽培技术也是早些年经华侨先带到了当时的马来亚，后又在东南亚和北非一带广泛传播开来的。

结果，草菇成了热带和亚热带地区备受人们钟爱的蔬菜品种，在国外获得了"中国菇"的美称。这些都是我国人民对食用菌栽培技术所做的巨大贡献。

小知识大视野

真菌在自然界分布广泛，绝大多数对人有利，如酿酒，制酱，发酵饲料，农田增肥，制造抗生素，生长蘑菇，食品加工及提供中草药药源。对人类致病的真菌分浅部真菌和深部真菌，前者侵犯皮肤、毛发、指甲，为慢性，对治疗有顽固性，但影响身体较小，后者可侵犯全身内脏，严重时可引起死亡。

真菌的营养和药用价值

真菌的营养价值

食用菌是一类营养丰富、味美可口的真菌，它们绝大部分属于担子菌，其可食部分是子实体。最常见的食用菌有香菇、草菇、平菇、木耳、银耳、金针菇等。

我们来谈谈最常见的食用菌。传说法国著名小说家大仲马到德国去旅行，有一天晚上，正下着大雨，他忽然想到要吃点蘑菇，便冒着雨跑到饭店里。他一时想不起德文中"蘑菇"该怎么写，便在纸上画了个蘑菇。谁知侍者误解了他的意思，便给他送来了一把雨伞，把这位大文豪弄得啼笑皆非。

的确，蘑菇的形状很像一把撑开的伞，那小小的伞盖下，还呈放射状排列着一层像伞骨子似的"菌褶"呢!

雨后，空气清新，一道彩虹挂在天边，手拉手儿去采蘑菇吧!草丛里，小树林里，仔细瞧瞧，这儿一丛，那儿一簇，它们匆匆忙忙、争先恐后地挤出各色各样的小伞。

蘑菇是这些微生物中的"巨人"。原本是生长在肥沃的田野、草原和马厩肥上的一种菌类，肉质肥腴，气味芳香，为各国人民所喜爱。

由于它们的生长受到一定的限制，人类想出了各种各样的方法进行人工培养。目前，蘑菇栽培业正向大型化、机械化、自动化方向发展。美国宾夕法尼亚州温菲尔德有一所世界上最大的蘑菇工厂，在全长177千米的半地下式菇房里，年产蘑菇可达18000吨。

这里栽培4个不同品种的蘑菇。这些蘑菇是上乘的有益健康的佳品，1斤蘑菇所含的蛋白质，相当于2斤瘦肉、3斤鸡蛋或12斤牛奶的蛋白质含量，无怪乎欧洲人把它称为"植物肉"。

除此之外，蘑菇还含有丰富的B族维生素，尤其是维生素B_{12}的含量比肉类要高。它能防止恶性贫血，改善神经功能，并有降低血脂的作用。

双孢紫晶菇、木耳中所含维生素B_1也比一般植物性食品要高，对提高食欲，恢复大脑功能，增加哺乳期妇女的乳汁分泌有一定好处，心脏病、神经炎、神经麻痹者多食此类蘑菇有助于病体康复。

四孢蘑菇和双孢蘑菇还含有一般菇类少见的维生素PP及烟酸，前者对生活在热带和亚热带的人来说，有预防癞皮病的作用，后者被吸收到血液后，转变成烟酰胺，能起到辅酶作用，有助于防止贫血。

双孢蘑菇还含有少量的生物素、吡哆醇及维生素K，前者能参与体内脂肪的代谢，吡哆醇在利用不饱和脂肪酸时能参与反应过程；维生素K即凝血酶因子，能增加血液的凝结性。

四孢蘑菇、香菇、草菇还富含维生素C，经常食用可防止坏血病发生，并有助于保持正常糖代谢及神经传导，促进食欲。

真菌的药用价值

蘑菇不仅能补充营养，还可以防止多种疾病呢！

正当人们在觥筹交错之际，对真菌的美味赞不绝口的时候，保健品市场上也悄然兴起了一股"真菌"热。

其中，最值得人们称道的就算是灵芝与猴头菇了。其实，灵芝是一种真菌，它属于真菌门、担子菌亚门、层菌纲、非褶菌目、多孔菌科的灵芝属。

但是，你如果想知道一种生物在浩瀚无涯的生物界的"地位"，想去生物世界"拜望拜望"它们，一定要弄清楚它们生活在哪个国家(门)、住在哪个省(纲)，具体在哪个市(目)，哪个区(科)，哪条街(属)，门牌号码(种)是多少，否则，在生物的汪洋大海之中，哪儿去捞你想要找的那根绣花针呢！

学会了这一招，就可以找到灵芝的"家"。灵芝安家的地方挺别致，它喜欢把家安在栎属或其他阔叶树干的基部、干部或根部。而且，它老是撑着个半圆形或肾形的红褐色泛着油漆光泽的伞等着你，那伞的杆儿挺怪，不在正中，看着怪可笑的。

你笑，它可不会笑，它会一本正经地介绍它们的家史，并引经据典地告诉你它有多重要：《神农本草经》说它有"益心气、安精魂、补肝益气、竖筋骨、好颜色"等功效。

近年来，现代医学也惊叹它的价值，它能用于健脑、治神经衰弱、慢性肝炎、消化不良，对防止血管硬化和调节血压也有一定的效能。最近，它又被奉为有"扶正固本"作用的滋补强壮剂。

真菌界有一个与之相媲美的另一个宠儿，那就是——猴头菇。

自古以来，猴头菇就是有名的庖厨之珍，它和海参、燕窝、熊掌并称为中国的四大名菜。民间还有"山珍猴头，海味燕窝"的说法。

世代生活在大兴安岭的鄂伦春人，常常把"猴头炖乌鸡"当作他们招待贵客的上等野味。在哈尔滨市，以经营京、鲁风味名肴和本地野味珍馐而久负盛誉的"福泰楼"制作的"扒熊掌猴头"、"白扒猴头"颇有名气。

灵芝和猴头菇又是有名的滋补性食品。祖国医学理论认为，猴头菇有"助消化、利五脏"的功效，它的提取液对医治消化不良、胃溃疡、十二指肠溃疡、食道癌、胃癌、贲门癌均

有明显疗效。

猴头菇有这么重要的作用，为什么起这样俗气的名字呢？

其实，只有这个名字才能惟妙惟肖地刻画出它的形象。

野生的猴头菇一般长在老而未死的栎、柞、桦等阔叶树的枝干断面或腐朽的树洞中。北方人一般把贴生于树干上的叫"狗屁股"，而把坐生的称为"猴椅子"。

每年七八月，秋雨绵绵，正是猴头菇"蹲窝"的时候，往往在你不经意间会蓦然出现，在那浓阴掩蔽的树洞中，有一只小毛猴，正在伸出脑袋向外探望，仿佛就要纵身离洞，去大闹天宫似的。

猴头菇同灵芝一样，也属于真菌门、担子菌亚门、层菌纲、非褶菌目，但它与灵芝等多孔菌又完全不同，它的孢子不是长在

"菌孔"中，而是生长在那些像毛发一样的"菌刺"上。

将成熟的猴头掰开，可以看到肥厚的菌体，那是由许多粗而短的分枝互相融合而成的。在分支的末端，有无数针状突起，这就是着生孢子的菌刺。

幼嫩的猴头菇呈白色，老熟后变为黄棕色，毛茸茸的，活像一只毛猴脑袋。国外称为"刺猬菌"，虽然也有些像，但不如猴头菇一名那样逼真，饶有情趣。

据说，山西省曲垣县的深山里，曾发现过一只被称为"全猴"的猴头菇，形态更为奇妙，不但"鼻"、"眼"俱全，还有"四肢"和"尾巴"，倒真像一只活灵活现的"小毛猴"。

在公元1世纪之前，我国已开始人工栽培灵芝，直至现代，人们才结束了野外采集猴头菇的靠天吃菇的现象。用锯木屑、玉米芯或棉壳，只要30或40天时间，猴头菇就会急匆匆地冲出来，贼头贼脑地打量这个大千世界呢！

蘑菇口味清淡醇美，富有营养，而且有助于人体健康，真像是一群美丽而又善良的天使。

真菌中的"妖魔鬼怪"

在这群善良的天使中也有"妖魔鬼怪"呢！

首先来谈谈"妖"。有一位法国作家和旅行家到拉丁美洲去旅行，在巴西丛林里遇到了蘑菇中的"妖"。

一天，他在浓密的灌木丛中看到一只软绵绵的白色"小蛋"，这种"小蛋"慢慢"长"大，并且，"蛋壳"上很快出现了裂痕，紧接着绽成两半，从里面跳出一只橘黄色的小伞，原来是一只蘑菇的菌蕾。

这只蘑菇生长的速度快得令人吃惊，2小时内，长了50厘米。令人更为惊奇的是：一个奇迹发生了，那黄澄澄的伞盖下突然抖落出一道雪白透明的薄纱，一直拖到地面，就像一位风采秀丽、清丽可人、身着曳地长裙的欧洲贵妇，亭亭玉立于风中。

就在他迷醉于此情此景的时候，有一股像腐烂动物尸体所发出的难闻臭味，从菌体上四溢开来。这时，已经是夜幕低垂，有一股绿宝石般的光辉从伞盖下倾泻下来，映着薄纱，招来无数飞舞的小甲虫。当他翌日清晨再去寻找时，除了地面上一摊黏液外，"面纱女人"、发光蘑菇全都失踪了。

再说说"魔"。

很早以前，墨西哥的迷幻药是很有名的，据说他们能用这种迷幻药将受试者的灵魂引导到"天堂"，进行神秘的精神幻游。当人们吃了这种药物后，眼前便会出现各种各样色彩斑斓的几何形建筑，变幻莫测的湖光山色，光怪陆离的奇珠异宝，不可名状的飞禽走兽……各种人世间难以见到的奇异景象。

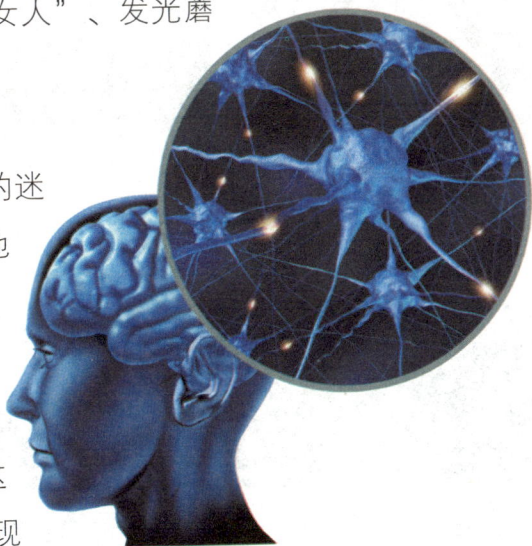

对于这种迷幻药，墨西哥的魔术师向来视为秘密，很少为外人所知。直到19个世纪末，秘密才泄露出来，原来他们师承了古印第安人的一种秘方，这种迷幻药就是用当地出产的某种蘑菇制成的。

这种被古印第安人崇拜的"神之肉"蘑菇至少有两种，即"墨西哥裸盖菇"和"古巴裸盖菇"。低剂量食用能引起对外界的精神愉快的淡漠感，高剂量食用能引起人们的幻觉和幻象。

经过科学家的研究，这些"魔"终于显出了原形。原来，致幻剂成分是"裸盖菇素"含有的生物碱，它们干扰了大脑中5色羟胺和肾上腺素的正常代谢，从而使人产生种种幻觉。

　　这类"菇魔"的神奇魅力使许多科学家都致力于这项研究，希望能利用这类蘑菇的暂时性作用来影响人脑，以进一步探索大脑活动的奥秘。

　　"鬼"在人心目中是一种可怕的东西，每每提起它人们就会不寒而栗，它属于"悲伤"，属于"死亡"。当然，这世上是没有鬼的。而蘑菇中的"鬼"是一些置人于死地的"鬼"。

　　古罗马政变者多次利用蘑菇之中的"鬼"来达到他们的野心。

　　据罗马古代史籍记载：克劳狄继承王位后，先后废弃、杀戮4位王后，其中只有梅莎琳留下一位王子，叫布里泰尼居斯，是法定王位继承人。克劳狄以后又纳阿格里潘为后，她与前夫曾有一子名为尼禄。阿格里潘为了能让自己的儿子继承王位，便用毒菇谋杀了克劳狄。

　　而后，因为宫廷内各种争权夺利的斗争，很多人都陆陆续续地成为"毒菇"手下之鬼。最后，加尔巴夺得了王位，他深知其中利害，害怕自己遭到同样的暗算，即位后立即宣布：此后，王宫菜肴中再也不许使用与"毒菇"体形类似的美味红鹅膏了。

最后，我们来谈一谈"怪"。

蘑菇属于真菌，是一种大型微生物，以死亡有机质为生。它属于比较低等的生物，寿命很短促，因而个体一般都不大。

但是，其中偏偏有超级巨人。在我国大兴安岭的冷杉林里，有一种多年生的"松生层孔菌"，菌盖最宽处可达50厘米。这种真菌多生在树干基部，结实得可以当凳子坐。捷克斯洛伐克有一只层孔菌，重量虽然只有96千克，而菌盖却扩展到4米以上，算得上是巨中之巨了。

面对这群"妖魔鬼怪"，我们要像孙悟空那样，有一双识妖辨魔的火眼金睛，有一股降妖伏魔的冲天豪气，但最重要的，就是要有丰富的知识，了解它们、利用它们。

小知识大视野

真菌一词的拉丁文原意是蘑菇。真菌是生物界中很大的一个类群，世界上已被描述的真菌约有10000属12万余种（属与种都是单位，且属大于种），真菌学家戴芳澜教授估计我国大约有40000种。真菌是一种真核生物。最常见的真菌是各类蕈类，另外真菌也包括霉菌和酵母。

食物和炸药中的微生物

牛为何吃草却能挤奶

"牛，吃进去的是草，挤出来的是奶"——这是人们对于人民公仆的赞誉，他们不求索取，只谈奉献的精神永远值得每个人去学习。

但是，牛为什么吃进去的是草，而挤出来的是奶呢？

草的主要成分是纤维素和半纤维素，要想把它当作食物利用，就必须具备分解纤维素的纤维素酶。我们经常吃的蔬菜中就有不少纤维素，由于人不能分泌纤维素酶，蔬菜中的纤维素尽管吃到肚子里，却不能被当作营养吸收利用，最终只能随粪便排出体外。

牛和人一样，也不能分泌纤维素酶，它怎么能把草吃进肚子里当作营养物质利用而变

成牛奶呢？研究研究牛的胃，这个秘密就展现在你的面前了。

　　牛有一个特殊的胃，这个胃由瘤胃、网胃、瓣胃和皱胃4个小胃构成。瘤胃是一个温暖舒适的家，食物丰富又不像人的胃那样分泌胃酸。于是，微生物就成群结队地来此安家落户了。它们搭起了"房子"，盖起了"工厂"，开始报答给它们提供食宿的恩人了。

　　草料一被牛吃进瘤胃，它们就立即马不停蹄地加工生产，把草中的纤维素加工成脂肪酸、醋酸、丙酸等有机酸，脂肪酸在瘤胃中就被牛作为营养吸收利用了。

　　同时，大量繁殖的微生物并随着初步消化的草料进入后两个胃中。在那里，由胃分泌的蛋白酶将草料连同微生物的菌体一起消化形成氨基酸、维生素和其他营养物质，然后被牛吸收用来制造牛奶。

酸菜为何有的香脆有的腐烂

每逢盛夏，气候炎热，一般的菜肴都很难下咽，这个时候，武汉市的市民就搬出酸菜坛子，挑出一块酸萝卜或者一片酸白菜，"嘎巴嘎巴"脆脆地嚼着，和着傍晚镀上夕阳光泽的闲散的凉风喝稀饭，那真是惬意极了。

但是，总碰到有那么几家人，只能眼睁睁瞅着别人家惬意，自家坛子里的萝卜和白菜，味道却是怪怪的。原来，他们"手气不好"，把酸菜做坏了。

真的是有的人"手气好"，有的人"手气不好"吗？哦，原来，这也是微生物在作怪呢！

在泡制酸菜的时候，蔬菜上、水中都含有许多微生物。最初这些微生物都是自由自在地生长繁殖，因为坛子里除了具有微生物生长所需要的营养、水分、温度外，还有一个适合它们生长的

一定酸碱度的环境。

我们曾提到微生物生性各异，它们对酸碱度的要求也各有不同。多数细菌和放线菌适宜在偏碱性的环境中生活，而多数酵母和霉菌适宜偏酸性的环境。

酸菜中常见的乳酸杆菌在生长过程中分解蔬菜中的糖，产生大量的乳酸，使环境中的酸度急剧增加。这样一来只适应在偏碱性、中性条件下生活的微生物就无法生长。

而乳酸杆菌由于能耐受一定的酸度就生长更迅速，使乳酸含量继续增加，一些能在稍微酸性环境下生活的微生物这时也被迫缴械投降，乳酸杆菌在含酸量达2％时仍然能很好地生活，它们便在杀死或抑制其他微生物之后成了酸菜坛中的霸主。

"手气好"的人实际上就是因为没有破坏泡菜坛子中的酸碱度，促使乳酸杆菌大量繁殖，保护了蔬菜不被其他微生物吃掉，并且使蔬菜有了爽口的酸味。

"手气不好"的人则恰恰相反，他们在制作酸菜或保存酸菜时，由于方法不当破坏了乳酸杆菌的生存环境，乳酸杆菌连生命都不能保全，哪来功夫做酸泡菜呢！

酒是怎么做出来的

我们在过节、喜庆的时候，总是要以酒来助兴。说到酒，可真有说不完的话。李时珍在《本草纲目》中记载："烧酒非古法也，自元时始创其法。"因此一般认为烧酒是元朝才开始的。

袁翰青引证了白居易的"荔枝楼对酒"一诗中的"荔枝新熟鸡冠色，烧酒初闻琥珀香"，雍陶的"自到成都烧酒熟，不思身更入长安"，李肇的"酒则有剑南之烧春"等唐人诗句，认为烧酒在唐代以前就有了。

不管上面的考证哪一种对，总之几千年来，我国的古人们就已会用"酒麦曲"来做各种美酒了，只不过他们不知道酒麦曲里

含有活的酵母菌等发酵微生物罢了。

酵母，有人称它是细菌的兄弟，把它归入霉菌的大家庭。

然而，它有它特殊的生活方式。它专爱吃糖、果汁、淀粉之类的碳水化合物。它吃过之后，就把那些碳水化合物都分解为酒和二氧化碳了。它吃了淀粉，就留下黄酒；吃了麦芽，就留下啤酒；吃了葡萄，就留下葡萄酒。它是天生的造酒专家，在不知不觉中，却为人类所利用了。

它的身子非常轻。一个细胞直径不及5微米，胞浆的固体重量极轻。它的繁殖非常快，只需在酒桶的原料里撒下一点儿"种子"，它们很快就发芽，一个个子细胞从母细胞怀里蹦出，不久满桶都是它的子孙了。

它这一族里成员很复杂，各有特殊的性格，因而所造成的酒的酒味就各有些差别了。

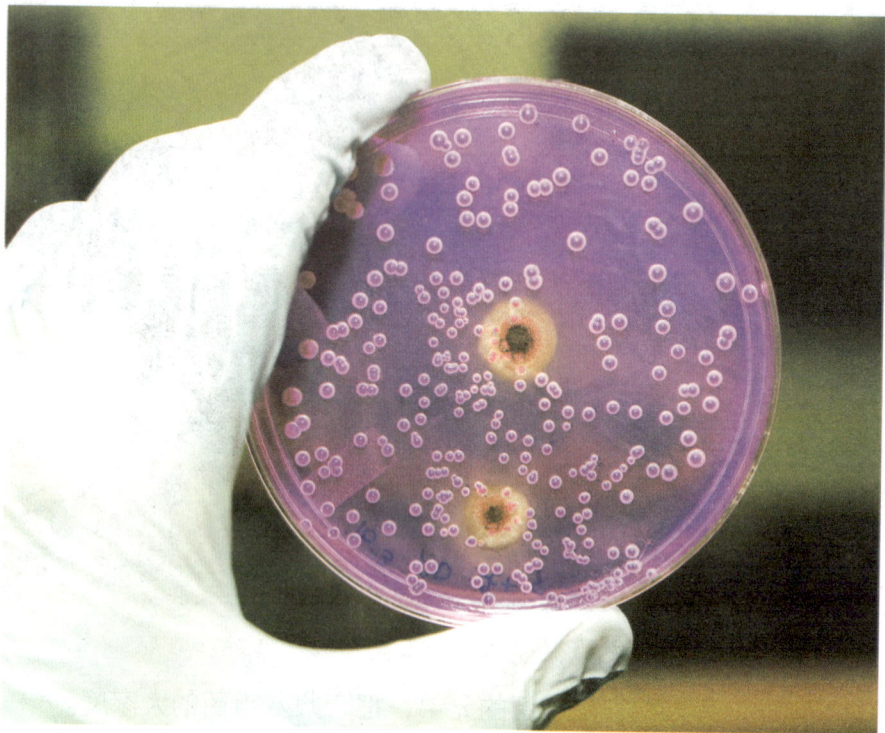

　　酵母菌既有这发酵的本领，于是聪明的人类又利用它来制造面包和馒头了。面包和馒头本是一团面糊，生硬不中吃，把酵母菌埋在它们的心窝里，到了适宜的温度，就会发出猛烈的碳酸气，把那面糊吹膨胀了，变成一块一块又松又软包藏着无数小孔的东西，最后腾腾的热气把有功的酵母菌全都杀尽了，于是我们吃了这样一块面包或馒头，就觉得又香又酥软又甜美了。

酵母菌还能生产炸药呢

　　古人利用酵母菌酿酒，酵母菌在食品方面的功劳我们了解得还是比较多的，可又有多少人知道它在国防军备中的巨大贡献呢？甘油，它的名字就表明了它是一种具有甜味的，像油一样的液体，最早是由瑞典的科学家在皂化橄榄油时发现的。它是油和脂肪的组成成分，自然界中以甘油酯的形式广泛分布。

在冬天我们和它很亲密，用来涂手擦脸，防止皮肤冻裂，而在战时，它却大批大批地被军火厂收买去了，因为它还是制造炸药的一种主要原料。它和硝酸化合，变成硝酸甘油，只要温度高出180℃以上，它就会爆炸。

德国在欧战初期就感到甘油很缺乏，虽然在酵母菌所寄生过的果油糖汁中，都有一些甘油的存在，但是产量实在太少。于是德国的军事家赶忙研究如何改良酵母菌使它多产甘油。

研究的结果表明，要使酵母菌发酵生产更多的甘油，必须供给碱性的糖汁，加亚硝酸钠之类的药品，还要防止外界的杂菌污染，仅仅这样改变一下，甘油产量就飞速增长了。

在微生物发酵工业中，人们十分重视对微生物生命活动机制、代谢途径的研究，这已是发展生产、指导生产的一个重要理论基础。

小知识大视野

酵母菌是人类文明史中被应用得最早的微生物，可在缺氧环境中生存。根据酵母菌产生孢子的能力，可将酵母分成三类：形成孢子的株系属于子囊菌和担子菌。不形成孢子而主要通过出芽生殖来繁殖的称为不完全真菌，或者叫"假酵母"。目前已知大部分酵母被分类到子囊菌门。酵母菌在自然界分布广泛，主要生长在偏酸性的潮湿的含糖环境中。

细菌织布不是天方夜谭

细菌也会织布

大家知道，传统的织布方法离不开纱和织布机。要说细菌织布，那不是"天方夜谭"吗？当然不是!英国科技工作者发明了利用细菌织布的方法。这种方法很特别，不需用纱线和梭子，所用的原料竟是营养物质——葡萄糖和其他养料。科学家将这些织布原料，移入菌种，再给予适宜的温度，细菌就会迅速繁殖生长。每个细菌繁殖的速度可快啦，每小时可以繁殖1亿个。

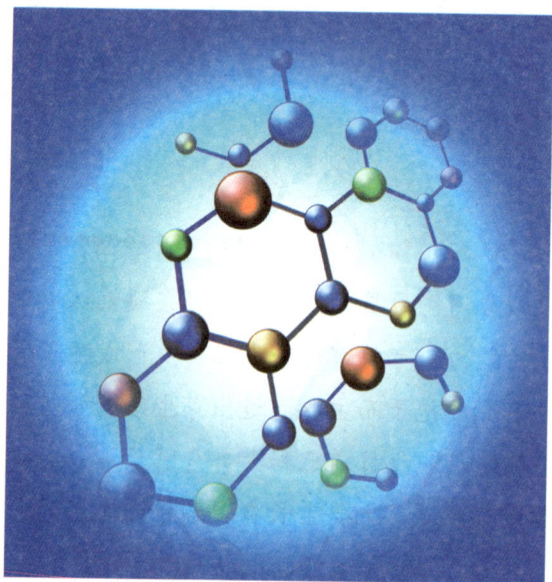

这样，细菌在适宜的温度等环境条件下，每天可织出3～4厘米长的布来。只要有细菌存在，布就会不断地被织出来。当老的细菌"寿终正寝"后，便有新的细菌"前仆后继"接替这一织布工作，完成老细菌未竟的事业，这样循环不断，就能织出"天衣无缝"的布来。

细菌织布的优点

细菌织的布有很多优点，布的纤维长，结实牢固，比普通的布密得多。因为这种无棉纱的布是细菌织成的，所以最适宜作为医疗上的绷带，它能够使伤口形成一种与人的皮肤细胞组织相似的柔软"皮肤"来，从而促使伤口愈合，疗效显著，很受医生的青睐。还有，细菌织出的布十分细密，用它来过滤杂质效果极佳。当然，"细菌工"所消耗的葡萄糖价格昂贵，要实现大规模的细菌织布还有一定困难。

那么，如何大规模生产细菌布呢？

科学家们寄希望于遗传工程。他们把合成纤维束带的基因转移到光合细菌的细胞内，利用太阳能来生产纤维束带。科学家们预言：这种不用棉纱织出来的布，不仅可用于医疗卫生和工业生产，而且还可以用于人类的衣着服饰，前途十分光明。

小知识大视野

美国科学家发现，如果把一种纺织、造纸工业广泛使用的荧光增白剂滴入杆菌培养基里，杆菌就会受到刺激，从而使更多束的微细纤维合并在一起，变粗，并且生产速度也会比正常速度快3倍。这种纤维比天然棉花的纤维长，因此织出的布会更结实些。科学家已经借助细菌"收获"了第一批"棉花"。但是，由于杆菌要用葡萄糖培养，所以目前这种"棉花"价格还比较昂贵，尚不能与天然棉花竞争。

跟踪追击的"生物导弹"

巨噬细胞和B淋巴细胞

1995年海湾战争中，伊拉克的"飞毛腿"导弹和美国的"爱国者"导弹在空中相遇，一声巨响，两颗导弹形成很大的火球。这种导弹的较量引起了人们的高度重视。

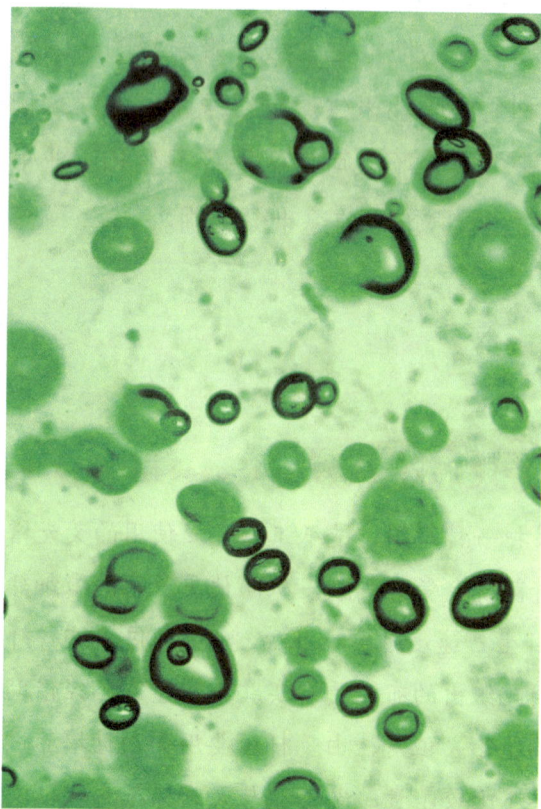

导弹的威力在于它的精确度和远程的破坏能力。在生物技术中，也有类似导弹的东西，它也有运载系统，精确度高，而且专一性也强，它能与入侵人体的病菌结合，达到杀伤这些入侵者的目的。这就是"生物导弹"。

要讲清"生物导弹"，还得从人体的免

疫系统说起。

人体的免疫系统，时刻警惕地保卫着人体的安全，抵御外来病菌的侵染。它的主要战斗力是巨噬细胞和B淋巴细胞。这两种细胞的制造"营地"是脾脏，它们存在于血液中，随着血液的流动在全身"巡逻"，追踪那些不属于机体本身的各种入侵者如细菌、病毒或有害物质。

一旦发现入侵者，巨噬细胞会立即行动起来，把入侵者吞噬，并把信息告诉B淋巴细胞。B淋巴细胞收到信息后，马上做出反应。根据巨噬细胞提供的关于入侵者的"模样"，产生与之反应的抗体。

抗体是一种防御性蛋白质分子，它能把入侵者紧紧地抓住，使这些入侵者失去侵染能力，不能再繁殖，这样人就不会生病了。

但是，抗体是在入侵者侵入机体后才产生的，当体内产生的抗体不足以消灭入侵者时，入侵者便会大量地繁殖起来，此时人就会生病。

人生病以后，要通过吃药或打针来帮助战胜入侵者。在半个世纪前，人们吃的、用的药物，还不是能针对某一种入侵者并将它准确地加以消灭的抗体，而是多种混合的抗体，专一性不强，

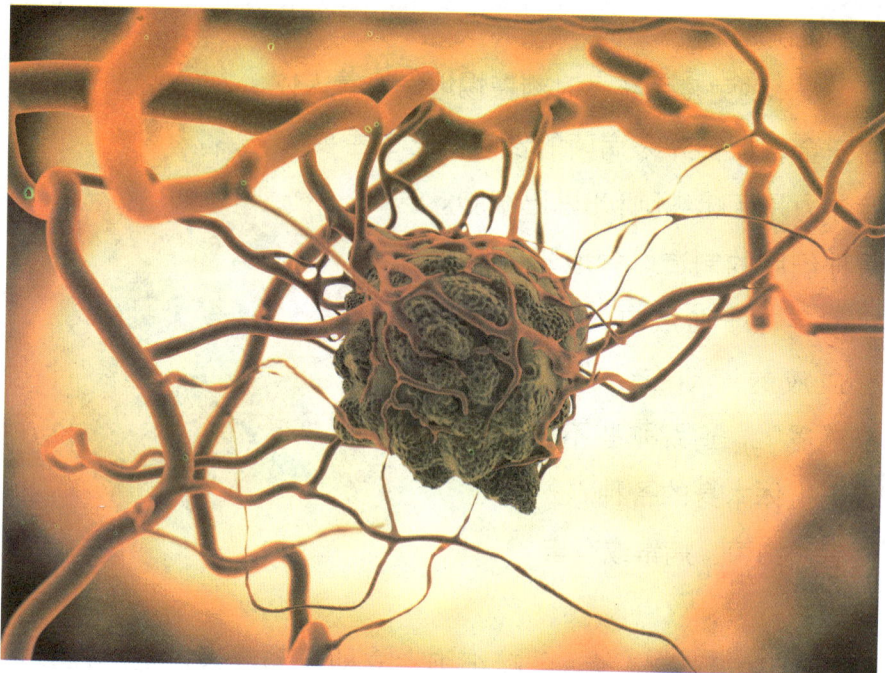

效果也就差些。这种混合的抗体叫多克隆抗体。

于是科学家们就一直在努力寻找能针对某一种疾病的入侵者并能把其消灭的抗体，就像导弹能准确地击中预定的目标一样。

1975年，英国剑桥大学的科学家科勒和米尔斯坦建立了杂交瘤技术。这项技术是生物技术革命性的创举之一。为此，两位科学家于1984年捧走了诺贝尔医学和生理学奖。

这是一种什么样的生物技术呢？

"生物导弹"单克隆抗体问世

B淋巴细胞能产生抗体，但在体外培养下不能增殖；而骨髓瘤细胞在体外培养下能不断增殖，但不能生产抗体。科勒和米尔斯坦利用这两种细胞的特点，很巧妙地将它们融合在一起，形成一个杂交瘤细胞。

这种既能生产抗体又能繁殖的杂交瘤细胞是这样制备的：首先将抗原（某一病菌）不断地注射给小鼠，使小鼠的脾脏生产能抵御病菌的B淋巴细胞。

接着将B淋巴细胞和小鼠骨髓瘤细胞放在一个培养皿里培养，并加入融合剂，使两种细胞融合形成许多杂交瘤细胞。

然后从这些杂交瘤细胞中经过多次的培养筛选，最后筛选出由一个杂交瘤细胞分裂形成的细胞群，称之为克隆细胞。这些克隆细胞同时具有两种细胞的特性，既能在体外繁殖，又能生产抗体。由于它产生的抗体是单一性的，纯度又高，故被称为单克隆抗体。

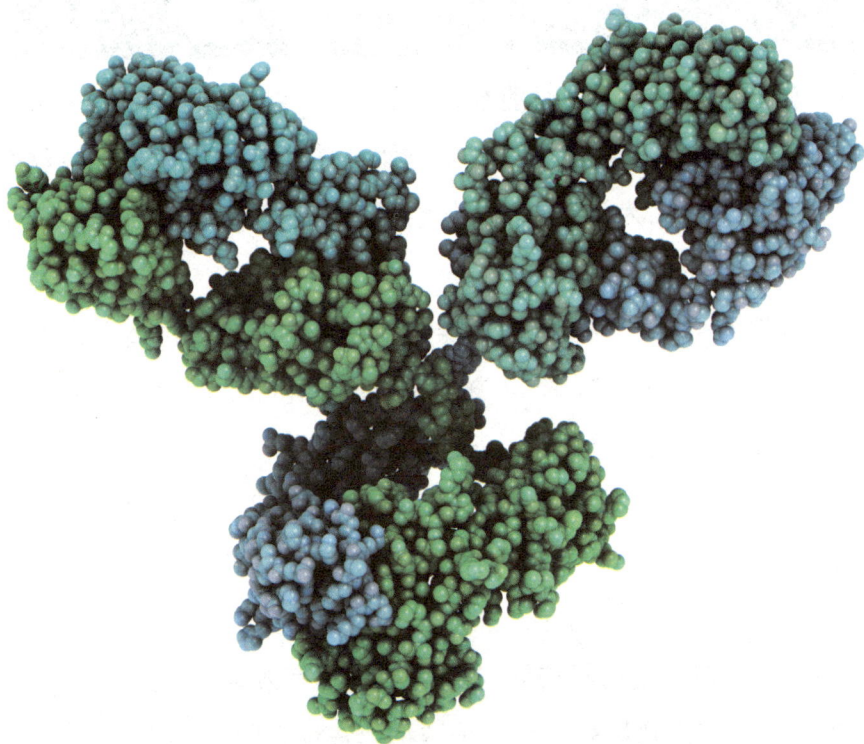

　　单克隆抗体既然具有能准确地诊断某种疾病的性能，于是科学家们又产生了进一步利用这项技术，将单克隆抗体与药物结合起来的想法，因为这样就可以达到将药物准确地运到入侵者那里，将病魔加以消灭的目的。

　　1970年，穆顿等人曾把白喉毒素结合到多克隆抗体上，发现它有杀伤病菌的作用。不过由于用的是多克隆抗体为运载体，其识别病菌能力不够专一，所以效果并不理想。

　　1975年，杂交瘤技术的出现，使科学家们可以改用单克隆抗体为运载体了。

　　由于单克隆抗体的专一性强，它能像导弹一样，准确无误地向入侵者攻击，把各种毒素送到目的地，有效地杀伤入侵者，故人们称之为"生物导弹"，而把这种疗法称为导向治疗。

当前，一些科学家正在研究把干扰素、抗癌物质等作为弹头，探索制备抗癌的生物导弹。

另外，由于从小鼠制备的鼠源单克隆抗体进入人体后，因是异种蛋白质，容易使人产生过敏反应。为了克服鼠源抗体的这一缺点，科学家们正在进行利用基因工程改造抗体，使之人源化的研究。

目前，生物导弹用于抗癌、治癌还存在许多困难，离实际应用尚有一段距离。但是，科学家们仍然对生物导弹的应用持乐观态度，从1975年建立单克隆抗体算起，单克隆抗体研究进入了第四个10年。可以说，虽然发展缓慢，但是步伐坚实。

小知识大视野

动物脾脏有上百万种不同的B淋巴细胞系，具有不同基因的B淋巴细胞合成不同的抗体。当机体受抗原刺激时，抗原分子上的许多决定簇分别激活各个具有不同基因的B细胞。被激活的B细胞分裂增殖形成效应B细胞和记忆B细胞，大量的浆细胞克隆合成和分泌大量的抗体分子分布到血液、体液中。

如果能选出一个制造一种专一抗体的浆细胞进行培养，就可得到由单细胞经分裂增殖而形成细胞群，即单克隆。单克隆细胞将合成针对一种抗原决定簇的抗体，称为单克隆抗体。

工农业生产的好帮手

取氮能手固氮菌

　　氮是植物生长不可缺少的"维生素"，是合成蛋白质的主要来源。固氮菌擅长空中取氮，它们能把空气中植物无法吸收的氮气转化成氮肥，源源不断地供植物享用。

　　在形形色色的固氮菌中，名声最大的要数根瘤菌了。根瘤菌平常生活在土壤中，以动植物残体为养料，自由自在地过着"腐

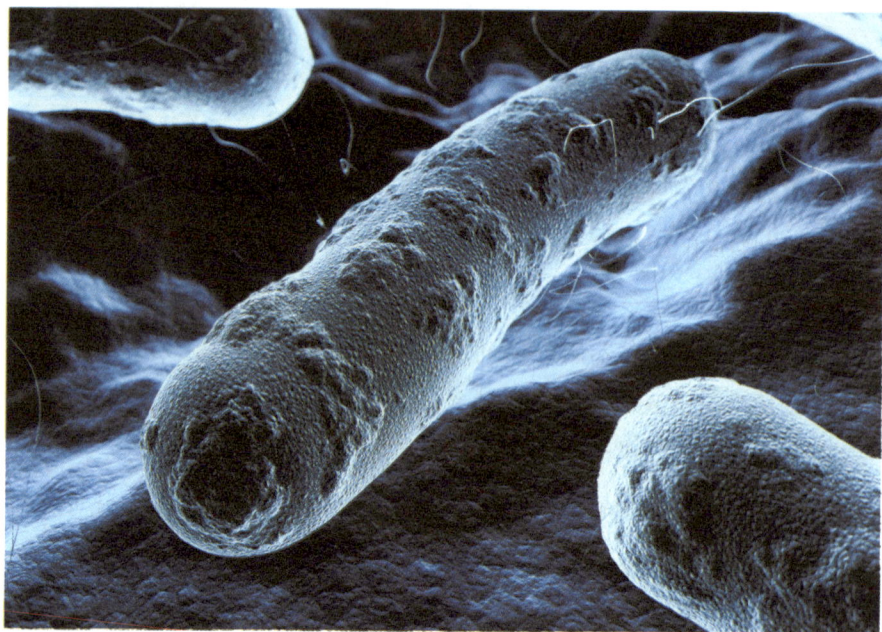

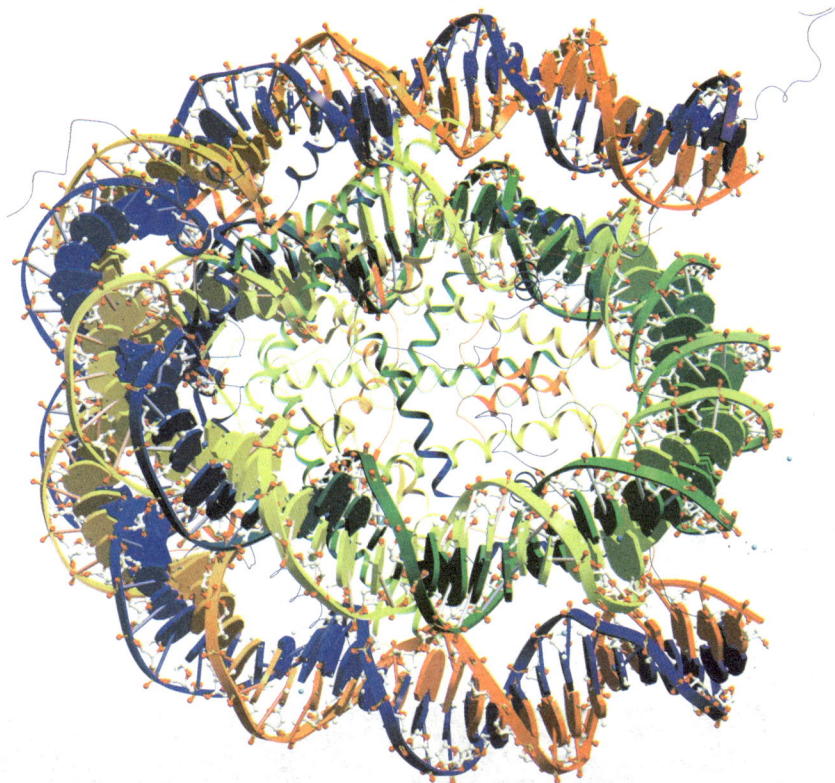

生生活"。

　　当土壤中有相应的豆科植物生长时，根瘤菌便迅速向它的根部靠拢，并从根毛弯曲处进入根部。豆科植物的根部细胞在根瘤菌的刺激下加速分裂、膨大，形成大大小小的"瘤子"，为根瘤菌提供了理想的活动场所，同时还供应丰富的养料，让根瘤菌生长繁殖。根瘤菌又会卖力地从空气中吸收氮气，为豆科植物制作"氮餐"，使它们枝繁叶茂，欣欣向荣。

　　这样，根瘤菌与豆科植物结成了共生关系，因此人们也把根瘤叫共生固氮菌。根瘤菌生产的氮肥不仅可以满足豆科植物的需要，而且还能分出一些来帮助"远亲近邻"，储存一部分留给

"晚辈"，所以我国历来有种豆肥田的习惯。

还有一些固氮菌，比如圆褐固氮菌，它们不住在植物体内，能自己从空气中吸收氮气，繁殖后代，死后将遗体"捐赠"给植物，使植物得到大量氮肥。这类固氮菌叫自生固氮菌。

氮气是空气中的主要成分，占空气总量的4/5。然而由于氮气分子被三条"绳索"——化学键所束缚，因此大部分植物只能"望氮兴叹"。固氮菌的本领在于它有一把"神刀"——固氮酶，可以轻易地切断束缚氮分子的化学键，把氮分子变为能被植物消化、吸收的氮原子。

现在人类生产氮肥使用的化学方法，不仅需要高温、高压等非常苛刻的条件，而且还浪费大量原料，氮分子的有效利用率很低。固氮菌每年从空气中固定约1.5亿吨氮肥，是全世界生产氮肥

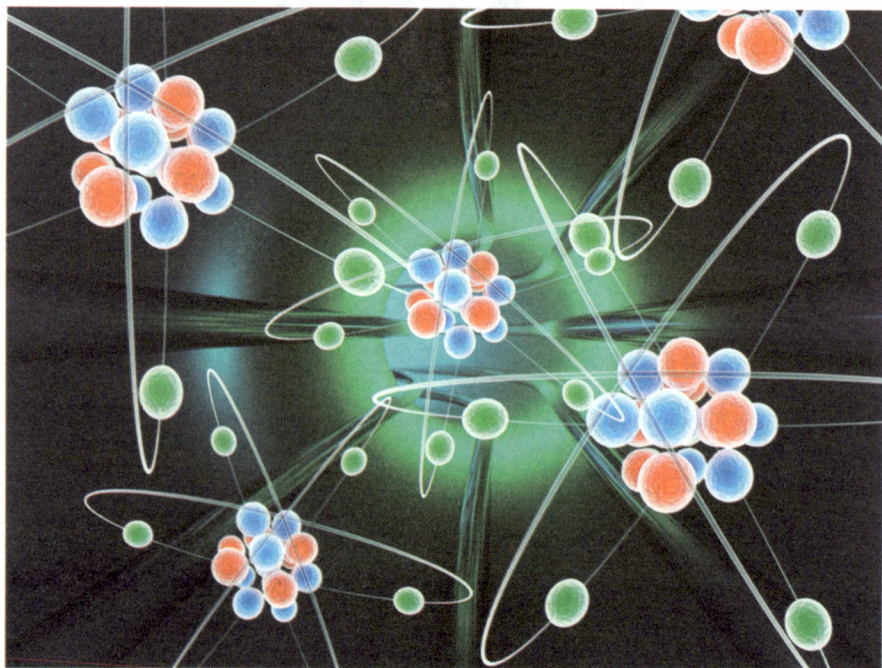

总量的几倍。

所以，科学家正在认真研究固氮酶的构成。我国科学家在20世纪70年，代仿制出与固氮酶功能相似、能够固氮的分子。相信在不远的将来，人类一定能学会并利用固氮菌"巧施氮肥"的本领。

采油向导烃氧化菌

石油是工业的"血液"。但石油深深地埋藏在地下，怎样才能找到它呢？微生物王国中的烃氧化菌居然可以成为石油勘探队员的向导。

我们知道，石油是由各种碳氢有机化合物组成的，这种碳氢化合物叫"烃"。石油虽然被深埋在地下，但总有一些烃会透过岩层缝隙跑到地层浅处。而烃氧化菌有个怪癖，生性喜欢吃烃，它们专门聚集在含烃的土壤中，过着以烃为"食"的生活。

虽然偷偷溜到地表层来的烃很少，但对烃氧化菌来说足以维持生命并繁殖后代了。因此，勘探队员如果在某地区的土壤里发现大量的烃氧化菌，那么说明那里很可能有石油。于是，配合其他找矿手段，就可以确定石油矿藏的分布范围了。因此烃氧化菌无形中就成了采油向导。

烃氧化菌还可以为人类除弊兴利。工业废水中常常含有能污染环境的有毒烃，人们利用烃氧化菌的食性，在废水池中"放养"少量烃氧化菌，它们边"吃"边繁殖，最后，有毒烃被吃光了，废水也就变成了有用的水。

吃蜡冠军石油酵母

在石油化工公司的炼油厂中，寄宿了一批爱"吃"蜡的食客，它们就是被称为"石油酵母"的解脂假丝酵母和热带假丝酵母。

炼油厂为什么要供养这批食客呢？原来，石油产品的质量与蜡的含量多少有很大关系。在高空飞翔的飞机，如果使用含蜡量高的汽油，那么高空的低温会使蜡凝固起来，堵塞机内各条输油管，使飞机发生严重事故。

因此，石油产品需要经过脱蜡处理。工业上有多种脱蜡办法，但是设备复杂，消耗材料和能源也多。

于是，炼油厂的工程师从微生物实验中请来了这批专爱吃蜡的食客——石油酵母。在要脱蜡的石油产品中，石油酵母如鱼得水，大吃特吃，把石蜡一扫而光，同时自己迅速繁殖起来。这样，人们既得到了高级航空汽油和柴油，又获得了大量石油酵母，真是一举两得。

小知识大视野

石油酵母完成脱蜡任务后，一个个吃得白白胖胖，含有丰富的蛋白质和维生素，可以制成无毒高蛋白的精饲料，用于喂养家禽和家畜。据说加喂1吨石油酵母饲料，可多生产700多千克猪肉。科学家预测，石油酵母将来还可以作为色香味俱全的人类食物呢！

微生物是如何发现的

最早发现微生物的人

虽然早在人类出现以前，形形色色的微生物已经在地球上活动有几十亿年了，但人类第一次真正发现它，还只是300多年前的事。

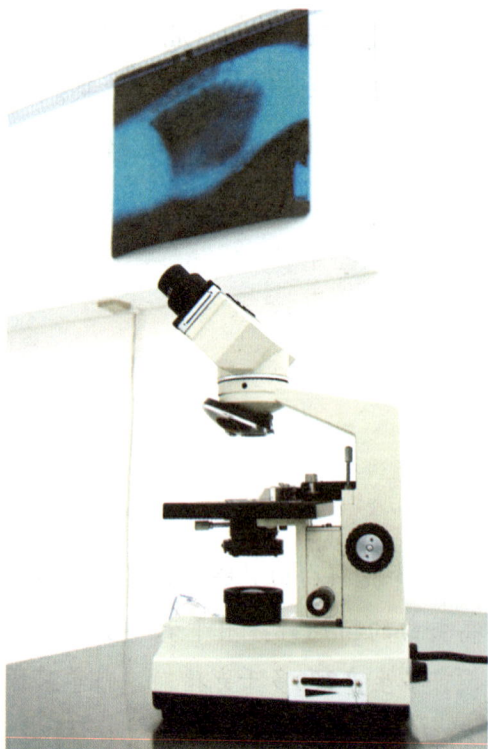

第一个发现微生物的人叫列文虎克，他是荷兰一个小镇上经营布匹和干货的小商人，业余爱好磨制镜片。他磨制了很多镜片，还自己动手制作了一架能把原物放大200多倍的简单显微镜。

他用这架显微镜观察了雨水、井水等，发现了其中都有许多微小的生物在活动。这是人们第一次看到微生物世界，在当时引起了人们极大的注意。后来他被推选为英国皇家学会的会员，在以后的几十年里他通过书信往来，不断将自己的发现报告给这个学会。

有一次，他兴奋地报告，他将自己牙缝里的牙垢混进一滴雨水，在显微镜下看到了一个令他眼花缭乱的微生物世界。他在给英国皇家学会的信中写道："……我非常惊奇地看到了在水中有许多极小的活的微生物，十分漂亮而又会动，有的如矛枪穿水直射，有的像陀螺团团打转，还有的灵巧地徘徊前进，成群结队，你简直可以把它们想象成一大群蚊蚋或苍蝇。"

又有一次，他在刚刚大口大口喝过热烫的咖啡以后，又挑出牙垢来观察时，却发现在显微镜下看到的只是一片一动不动的微生物的尸体，于是他机敏地做出了判断：热烫的咖啡把那些小生物杀死了。

还有一次，他诙谐地报告说："我家里的几位女眷想要看醋里的线虫，可是看了以后，发誓说再也不用醋了。要是有人告诉她们在口腔里、牙垢里生活着的动物比全国人口都多，她们将会怎样反应呢？"

1695年，他将自己20年来辛勤观察的结果写成一本书出版，

书名是《列文虎克发现的自然界的秘密》。这是人类关于微生物的最早的专门著作。

微生物与人类生活的联系

直到19世纪，情况才有了变化。当时法国的主要经济部门——制酒业和蚕丝业不断发生问题：制酒业因为酿出的酒经常变质，变酸变苦，而受到很大损失；许多蚕农也常常由于大批大批的蚕儿病死而破产。

人们迫切要求找到能防止这些灾害发生的办法。一位用甜菜酿酒的商人，向法国化学家巴斯德请教：为什么一桶桶的甜菜汁

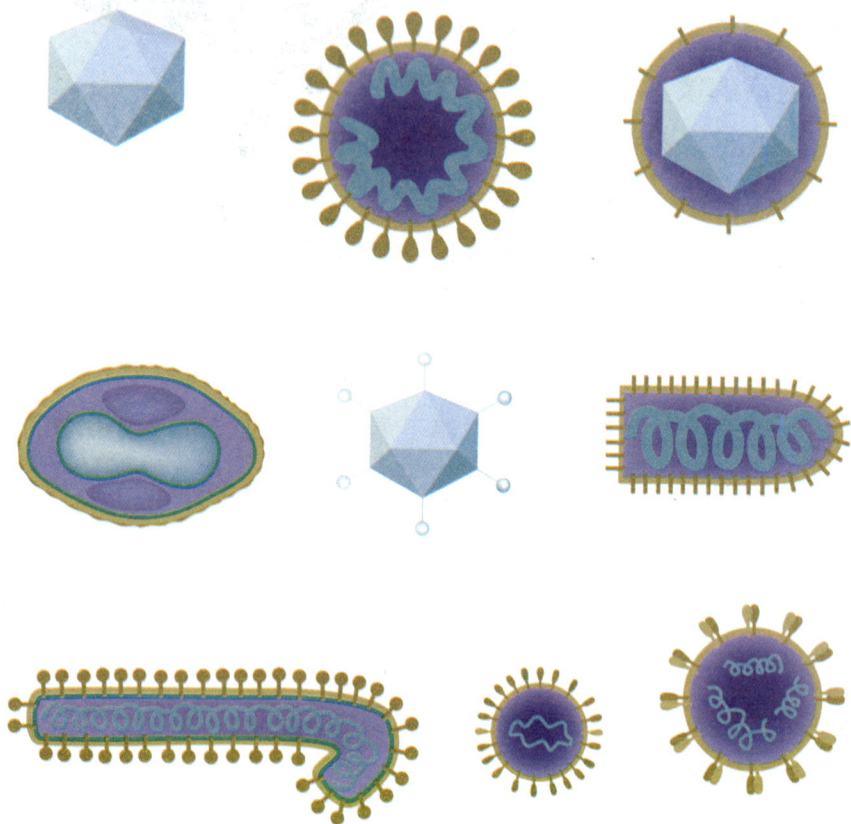

会变酸。

当时年方33岁的巴斯德以极大的热情投入这个关系国计民生的重要问题的研究中去了。他把好酒和坏酒一起拿来用显微镜进行检查，发现好酒中的微生物是圆圆胖胖的，而坏酒中的微生物却是瘦瘦长长的。

由此，他得出结论：不同的微生物的生活习性不同，所能引起的后果也不同。他找到了使酒变坏的根源。经过试验，以后他又找到了防止那种能把酒质变坏的微生物，即乳酸菌进入酒液的办法。

在研究蚕病时，他发现好蚕吃了沾上病蚕粪便的桑叶就会得病，病蚕蛾下的卵孵化以后仍然是病蚕。经过5年多的研究，他终于找到了使蚕生病的那种微生物。

以后，他还和别的科学家一起证明了狂犬病、羊炭疽病、鸡霍乱等禽畜疾病，都是由于不同的致病微生物寄生到这些动物身体里所引起的。

通过巴斯德的研究，人们不仅知道了某些微生物是什么样子，而且了解了它们怎样生活，能起什么作用。可以说，他是第一个证明微生物的活动与人类有密切关系的人。他在微生物发酵和病原微生物方面的研究，奠定了工业微生物学和医学微生物学的基础，并开创了微生物生理学，被世人推崇为近代微生物学的奠基人。

病毒是怎么发现的

1865年，巴斯德研究的结果，传到了一位名叫李斯特的苏格兰外科医生的耳朵里。这位医生一直在为当时经常发生，

75

病人接受外科手术后因伤口恶化而死亡的事情所苦恼。受到巴斯德研究的启发，他想到这也可能是病人伤口上的微生物在作怪。

通过临床试验，他选用了石炭酸水对病人的伤口进行消毒，结果使80％以上的术后感染病被治好了。外科手术的消毒工作也由此而诞生了。

19世纪末，人们又发现了病毒。在这之前，人们在研究微生物时，已经发明了能阻挡细菌通过的过滤器，用这种过滤器来除去液体中的细菌。但在1892年，有一位名叫伊万诺夫斯基的俄国植物生理学家在研究烟草花叶病时，却发现有病的烟叶汁即使用过滤器过滤后，擦在无病的烟叶上仍能使好叶子生病。

他由此推断：一定有一种更小的，能通过细菌过滤器的微

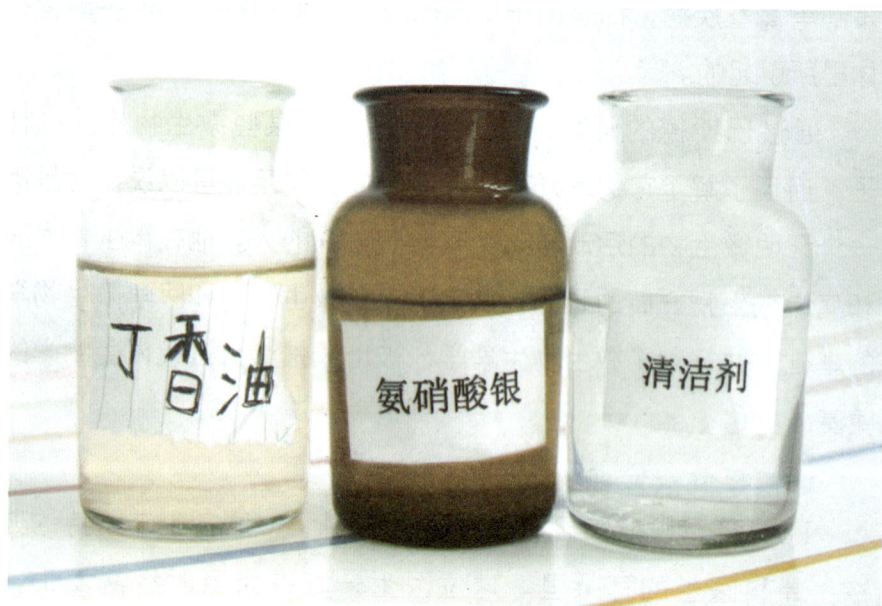

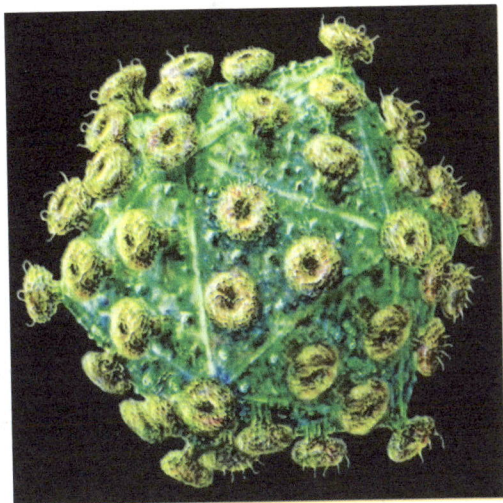

生物存在。后来有些医生在研究某些人和动物的疾病时，也发现一些经过过滤除去了细菌的液体，仍然会使人和动物生病的情况。

由于当时人们还没有"足够高明"的观察手段，所以没能看到这类比细菌更小、小到过滤器都阻拦不住的小微生物是什么样子，却从它们活动的结果推断出这类具有滤过性和致病性很强的微生物的存在，并给它起了个名字，叫"病毒"。

病毒的发现，标志着人类对微生物的认识又深入了一大步。但是，由于它太小了，以至在发现它存在以后又过了几十年，直到20世纪40年代，人们才用新发明的电子显微镜真正看清楚了它。

抗生素的发现

随着对微生物研究的不断发展，人们也有了越来越多的新发现。1928年，英国一位叫弗莱明的科学家发现在培养金黄色葡萄球菌的培养皿中，受到青霉菌污染了的培养基及其近旁就再见不到葡萄球菌了。这显示了青霉菌分泌某种能杀灭、抑止葡萄球菌生长的物质。

经过反复试验，弗莱明和他的同事们发现这种青霉菌的分泌物能抑制许多种病原菌的生长，从它的溶液中提取的物质，能十分有效地治疗败血病和创伤。这种物质后来就被称为"青霉素"。

10多年以后，这个发现才引起了人们的重视，各国的科学家纷纷开展了这方面的研究工作，接连研究出了链霉素、土霉素等新的抗生素。时至今日，全世界已发现了4000多种抗生素，其中在医学和工农业生产上有使用价值的有100多种。

近几十年来，世界上对微生物的研究发展得更快了。人们对微生物的认识大大加深了，许多曾经肆虐全球的致病微生物已受到人类牢牢的控制；微生物在工业、农业、食品及医药卫生等方

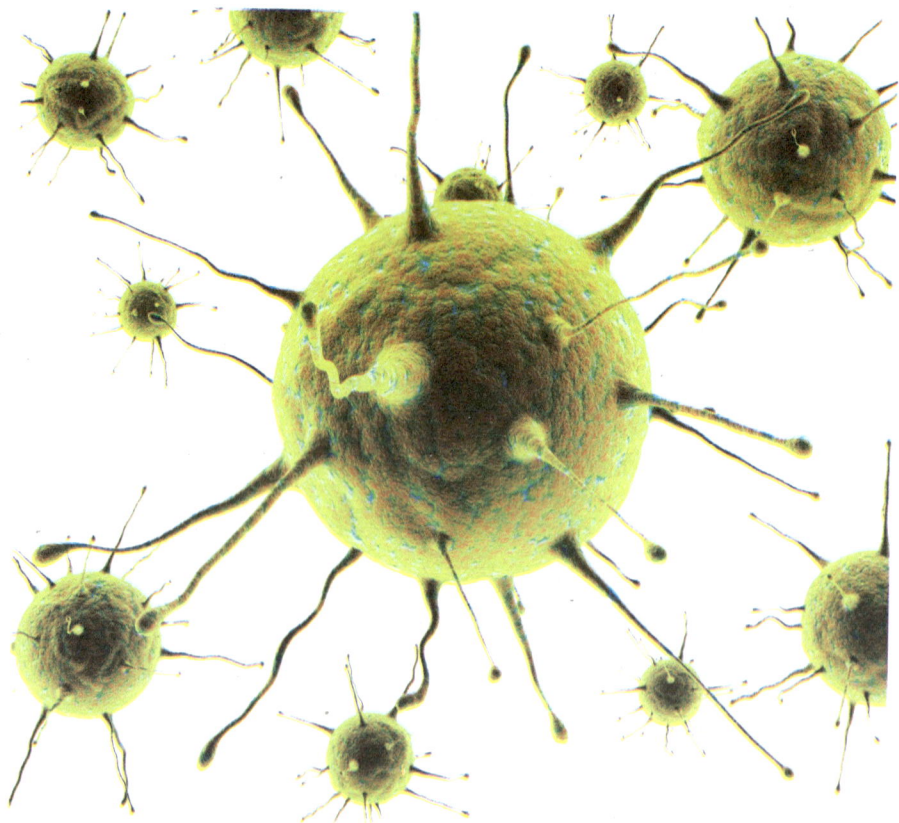

面越来越多地为人类提供有用的产品。

同时，微生物也被人们用作研究生命之谜的好材料，使生命科学迅速发展，这对人类的未来将会产生巨大的影响。

小知识大视野

2500年前我国发明了酿酱制醋方法，知道用曲治疗消化道疾病。6世纪，我国北魏时的农学家贾思勰的巨著《齐民要术》详细地记载了制曲、酿酒、制酱和酿醋等工艺。在农业上，虽然还不知道根瘤菌的固氮作用，但已经在利用豆科植物轮作提高土壤肥力。这些事实说明，尽管人们还不知道微生物的存在，但是已经在同微生物打交道了。

微生物的寿命有多老

有几十亿年历史的生物

地球几经沧桑演变，地球上的生命也繁荣发展起来。现在地球上生活着200多万种生物，它们形形色色，绚丽多姿，装点着我们的环境。

如果要问：地球上都有哪些生物呢？你一定会如数家珍般地说出许许多多的生物名字来。各种花草树木、鱼虫鸟兽都是生物，就连我们人类自己也是生物界的一员，这些都是显而易见的。也许，有人会认为自然界的生命只有这些了。

其实不然，地球上数量最多的恐怕是那些我们用肉眼看不见、手摸不着的微生物了。微生物可称得上是地球生命中辈分最大的"老祖宗"——它已经有几十亿年的历史。自从人类在地球上出现，微生物就一直与人类相伴走到今天。

微生物极其微小，因而长期以来，人们虽然几乎时时刻刻同它们打交道，却从来不识其"庐山真面目"。显微镜的发明和使用，为人类揭开微生物王国的奥秘提供了强有力的手段。

从列文虎克发明的显微镜能把物体放大200多倍，到现在的电子显微镜能放大几十万倍甚至更多，人类凭借着不断改进的显微镜和其他方法，对微生物的形态和内部结构，还有它们的类别和生命活动等各个方面的认识，都有了长足的进步。

现在，人们已经认识到，绝大多数生物都是由细胞构成的，细胞是生物体的结构和功能的基本单位。如果说，万丈高楼是由一砖一瓦砌成的，那么，细胞就好比生命之砖。

微生物的种类和结构

生物细胞可分为两类，一类比较原始，结构简单，没有成形的细胞核，细胞质中也没有线粒体、叶绿体、内质网等复杂的细胞器，这一类细胞称为原核细胞；另一类细胞结构比较复杂，有

血的元素

红细胞

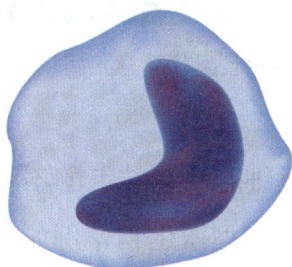
单核细胞

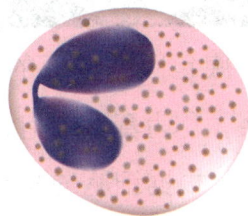
嗜伊红血球
（暑伊红细胞）

血小板

淋巴细胞

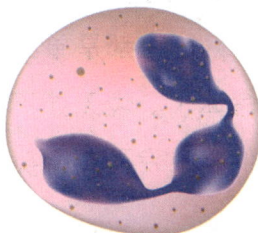
中性白细胞

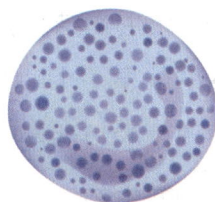
嗜碱细胞

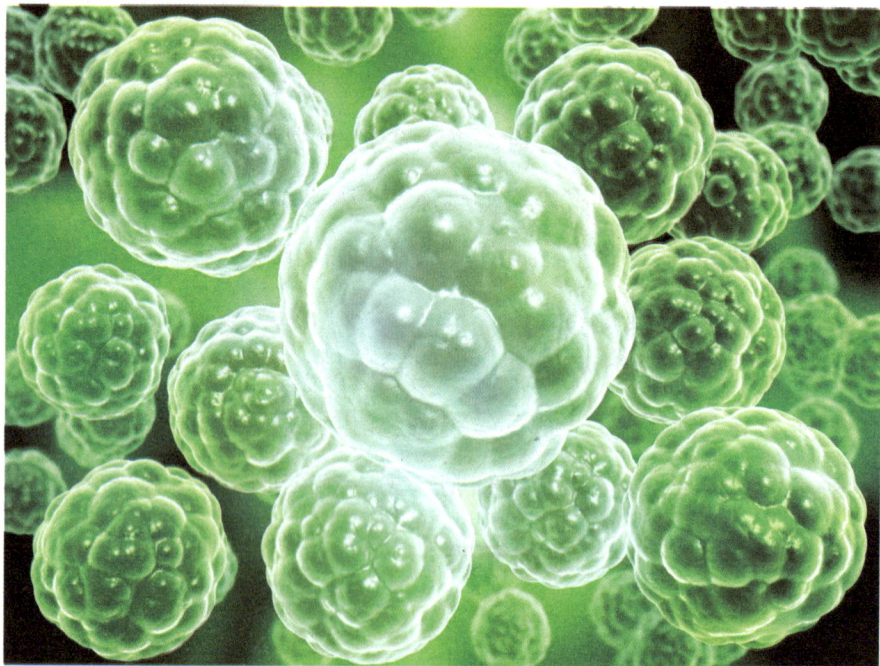

核膜包围的成形的真正的细胞核，细胞质中有各种类型的细胞器，称为真核细胞。

根据细胞的有无以及细胞结构特点的不同，人们把微生物分为三大类，它们是原核细胞型微生物，例如细菌和放线菌；真核细胞型微生物，如真菌；非细胞型微生物，例如病毒等。

微生物个体很小，一般只有用显微镜把它们放大几百倍或几千倍，乃至几十万倍才能看清楚它们。

微生物结构都很简单；往往都是单细胞的，也就是说，一个细胞就是一个独立的生命体了。像无处不在的细菌、主要存在于土壤中的放线菌以及我们平时发面蒸馒头用的酵母菌等，都是单细胞微生物。

而有的微生物如病毒，小得连一个细胞都不是，它们专门生活在活细胞内。一个细胞里可以装下许多个病毒。在普通的光学显微镜下根本看不到病毒，只有在电子显微镜下把它们放大几万倍甚至几百万倍才能看清。

还有一些微生物的结构和生活介于细菌和病毒之间，它们有了类似细胞的结构，但是比细菌更简单，像病毒一样，也本能独立生活，必须寄生在活细胞内，如引起流行性斑疹伤寒的立克次氏体，引起人体原生性非典型肺炎的支原体，引起沙眼的衣原体等。

在微生物王国里，真菌属于真核细胞型微生物，它们的结构要比细菌、放线菌复杂一些。除了酵母菌是单细胞的以外，绝大多数真菌都是由许多细胞构成的。

真菌细胞的结构与高等植物细胞相差无几。在夏天里，如果

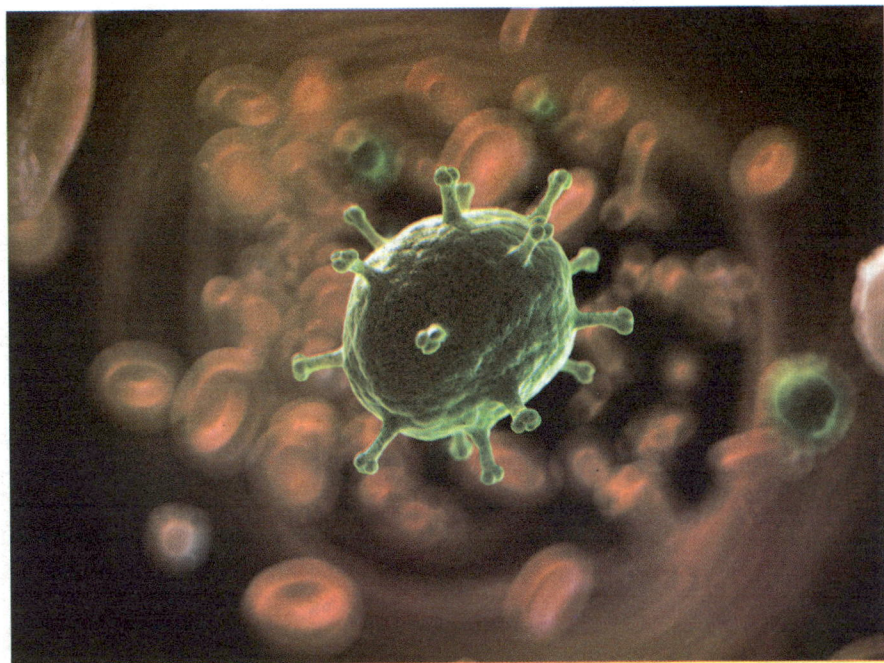

食品放久了或衣物管理不当，就会长毛发霉，这是最常见的真菌，叫作霉菌。当然，在微生物的"小人国"里也有"巨人"，我们用肉眼就可以看到，如餐桌上常见的蘑菇、木耳、银耳、猴头菇等大型食用真菌。

地球上的微生物种类成千上万，它们无处不在，无所不能。可以说，我们每时每刻都在与微生物打着交道，甚至在我们的皮肤上、骨和肠道里也有大量微生物的存在。

微生物的危害和功劳

微生物既是人类的朋友，又是人类的敌人。它们所做的好事和坏事可以使我们感觉到它们的存在。比如，你如果经常不洗手、吃没有洗干净的水果，就容易得痢疾；不随天气变化及时增减衣服易得感冒；家里买的肉食、蔬菜保管不好会腐烂变质，这都是微生物在作怪。

而你每天吃的馒头、面包、酱油、醋，以及过年时餐桌上摆的酒等，这些好吃的东西，都是微生物帮我们制造的。如果没有微生物，我们就无法吃到这些东西，也就无法品尝到酸奶、果奶等饮料。

腐败细胞引起食物腐烂变质，我们不喜欢它，但从长远观点看，人类是离不开它们的，大自然也离不开它们。

我们要很好地研究微生物，控制和消灭有害微生物，充分利用有益微生物，让它们更好地为人类服务。

小知识大视野

微生物千姿百态，有些是腐败性的，即引起食品气味和组织结构发生不良变化。当然有些微生物是有益的，它们可用来生产如奶酪、面包、泡菜、啤酒和葡萄酒。所以说，人类离不开它们，大自然也离不开它们。

最大和最小的微生物

最大的微生物

世界上已知最大的微生物，是1985年发现的一种生长于红海水域中的热带鱼的小肠管道中的微生物，这是当时世界上所发现最大的微生物。

它外形酷似雪茄烟，长200～500微米，最长可达600微米，体积约为大肠杆菌的100万倍。

目前最大的微生物则是1997年由美国生物学家海蒂·舒尔茨在纳米比亚海岸海洋沉淀土中所发现的呈球状的细菌，直径100～750微米。这比之前所提的微生物大上100倍。

最小的微生物

世界上已知最小的微生物：支原体，过去也译成"霉形体"，它是一类介于细菌和病毒之间的单细胞微生物。地球上已知的能独立生活的最小微生物，大小约为100纳米。支原体一般

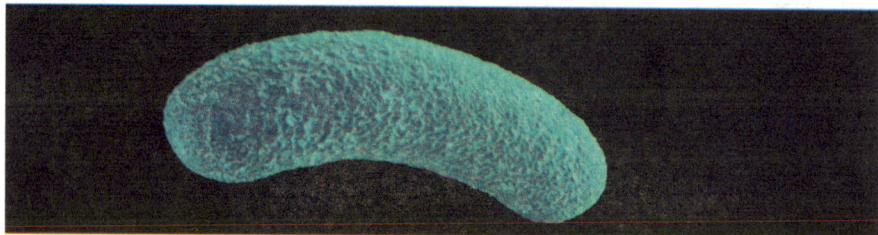

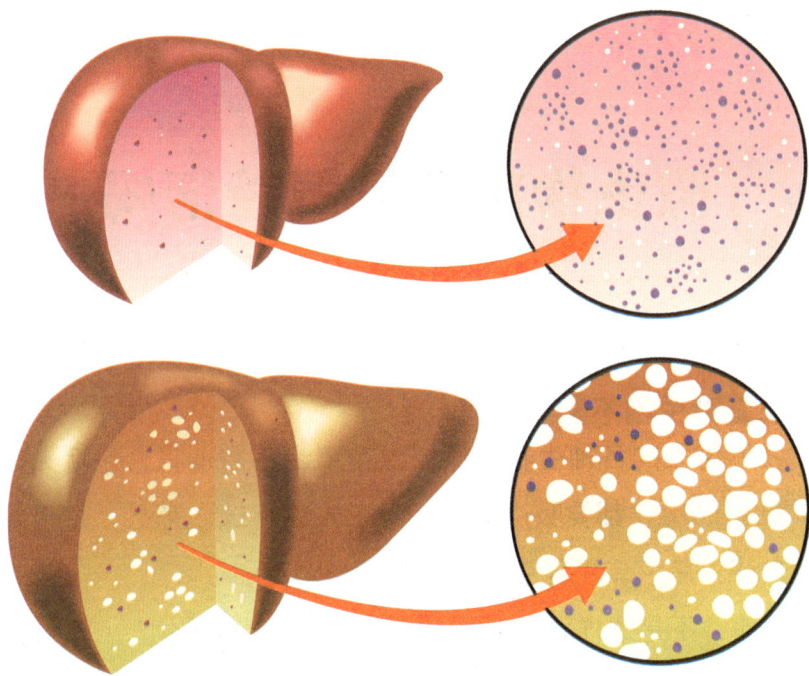

都是寄生生物，其中最有名的当属肺炎支原体，它能引起哺乳动物特别是牛的呼吸器官发生严重病变。

小知识大视野

揭秘微观世界第一人：列文虎克，荷兰显微镜学家、微生物学的开拓者。终生嗜好磨制放大镜，以至技术炉火纯青，最终磨制出300多倍的镜头，自制出当时世界上质量最好的简单显微镜。他用自己的显微镜第一次观察了血红细胞、精子、原生动物，完成了血液循环的理论，但其最大的贡献在于发现了微生物，向世人揭示了微生物世界的存在。

微生物离开氧气能活吗

厌氧微生物不需要氧气

我们周围的各种生物，像树木花草、飞禽走兽，包括人类自己，在生活中，都要吸进氧气，呼出二氧化碳。那么，是不是所有生物离开氧气就不能生活了呢？

事实并不是这样。在生物界有一类"厌氧微生物"，离开氧或缺氧也能生活，可以进行无氧呼吸。这类微生物分布广，种类多。

例如，动物肠道内的类杆菌，青贮饲料和泡菜中的乳酸菌，谷物或土壤深处的丙酮丁醇梭菌，能耐100℃以上高温的嗜热脂肪芽孢杆菌，在肉食品上产生毒素的肉毒梭菌，能使池塘里产生沼气的甲烷厌氧菌等。

厌氧菌为何不需要氧气

那么，厌氧微生物为什么离开氧气也能活呢？它们的这些"本领"是怎么来的呢？

原来，细菌出现在很早以前的原始海洋，它的祖先是一类厌氧的、需要依赖别的细胞提供营养才能生存的原始生命，经过漫长的演化过程，才具有了细胞的形态。

尽管这是一个质的飞跃，但这类细菌仍然可在厌氧条件下生活。随着地球环境的变化和生物的进化，海洋里产生了一些释放氧气的藻类，有些细菌也变成了有氧呼吸的类型，地球上氧气增加导致需氧生物种类增多，并成为地球上生物的主体。但一些细菌仍然保留着厌氧的生活习性，继续发挥着它们特殊的作用。

小知识大视野

厌氧微生物绝大多数为细菌，很少数是放线菌，极少数是支原体，厌氧微生物在自然界分布广泛。人类生活的环境和人体本身就生存有种类众多的厌氧微生物，它们与人类的关系密切。它们在自然界不仅生存于一般的常温的无氧和少氧环境中，而且还能生存于温度为100℃~103℃的高温环境，甚至有高达105℃的超嗜热专性厌氧细菌。另外，目前还发现了生长在南极的嗜冷厌氧菌，以及生长在盐浓度为22%~25%的专性厌氧发酵的嗜盐菌。

微生物是地球 "清道夫"

微生物治理地球环境

近百年来，环境恶化的问题给人类带来了极大的麻烦。随着工业的高度发展，废物、废液泛滥成灾。

光是美国，一年便要产生有害物质6000万吨，欧洲产生的有害物质也大致相当，即使是第三世界国家，"三废"的排放量也是相当大的。全世界的"三废"数量惊人，并且还在以惊人的速度增长。

拿污水来说，20世纪70年代全世界污水年排放量为4600亿立方米，到20世纪末增长了14倍，达到近7万亿立方米。在整个地球上，"三废"的产生和排放远远超过了大自然本身的净化能力。

如果再不抓紧治理"三废"，再不采取有力措施保护环境，人类在地球上将很快没有立足之地了。发酵工程的巨大威力使人们看到了彻底治理环境的曙光。

微生物治理环境这件事，可说是源远流长。多少年来，人类的生活中何曾少过废物、废水。不过，由于工业不怎么发达，城市人口也不怎么密集，这些废物、废水被伟大的自然界悄悄地消

化掉了，不曾构成对人类生存、发展的威胁。

大自然拥有神奇的净化力量，而微生物则是净化力量的主力军。这些不起眼的小不点无声无息地战斗在环境保护的第一线，吃掉了废物、废水，把它们转化成可供动植物再次利用的无害物质，使地球保持着生态平衡。

只是在进入工业社会后，由于"三废"排放量剧增，那些自生自灭、各自为战的微生物已无法应付，回天乏力，生态平衡才被打破，人类才面临环境恶化的威胁。

最终，解决环境问题还得靠微生物，处理废渣、废气、废水还得靠微生物。不过不是那些各自为战的微生物"游击队"，而是融合着人类智慧的、经过改造的微生物，是发酵工程的微生物"正规部队"。

微生物治理海上污染

1991年在美国西海岸由于一艘满载着18万吨原油的油轮失事，几百平方海里的海面被油层罩住了。报道此事的电视新闻中有这么一个画面：一只海鸟呆呆地站在一块礁石上，由于浑身的羽毛被原油粘住，它再也飞不起来了，只能在那儿等死。

遭殃的何止是海鸟，那海面上的油层不会轻易消失，它在海水和空气之间形成了隔绝层，破坏了生态平衡，

没过数天，许多死鱼泛起，密密麻麻地漂浮在海面上。

那场"油祸"只是一个突出的例子。从20世纪60年代以来，海面的浮油污染已经成了环境保护中最令人头痛的问题之一。

浮油的来源不光是油轮失事，货轮和沿岸工厂排放污油，那更是经常性的事。其结果便是整个地球的海洋表面上出现了一大片一大片的油污，久久不肯退去。

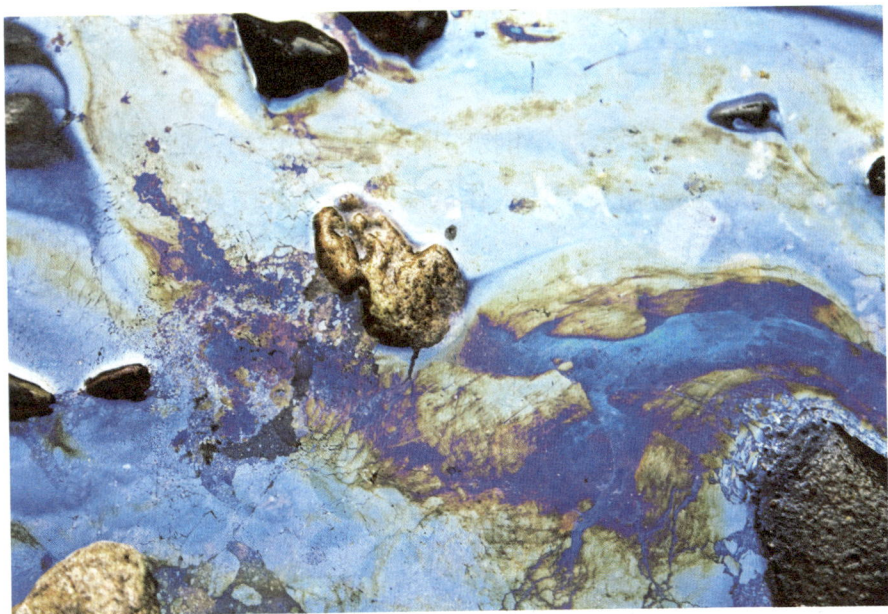

　　就在浮油污染日益严重，几乎使人束手无策的时候，一些聪明的学者又祭起了发酵工程这一法宝。他们找到一种又一种以石油为食的微生物，就是那叫嗜烃菌，筛选出生命力最强的菌株，供给最充分的营养，使它们活性更强，而且大量繁殖，然后配制成一瓶一瓶的药液——浓缩的菌液。

　　在被污染的海面上，只要洒上一定数量的药液，不出一周，80％的油污即会被这些微生物吞吃掉，产品则是二氧化碳和菌体蛋白，菌体蛋白还是一些海洋生物的营养品呢！这种神奇的药液已经商品化，可以大量生产了。彻底解决海面浮油污染已经是指日可待的事情。

微生物治理土壤污染

　　与海面浮油污染相类似的，是土壤的DDT污染。

　　DDT是一种高效杀虫农药，从20世纪20年代起风行于全世界，但20世纪60年代即被禁用。原因是它在使用后不会自行分解，而是积聚在土壤中。

土壤中的DDT会通过农作物的根系进入农作物，然后又会进入人体积聚于人的肝脏，损害人体健康。即使在DDT被禁用以后，这个问题仍未解决。

因为经过数十年的使用，DDT在土壤中的浓度已经很高了，而且自然界的净化能力对它毫无办法。这些DDT仍在不断地侵蚀人们的肝脏，医生们认为这是各类肝病，包括肝癌，发病率持续上升的原因之一。

到20世纪80年代后期，人们终于找到了从土壤中清除DDT的根本办法。一些科学家移花接木，将一种昆虫的耐DDT基因转移到细菌体内，培育一种专门"吃"DDT的细菌，再大量培养，制成药液。这种药液喷洒到土壤上，不出数天，土壤中的DDT就被"吃"

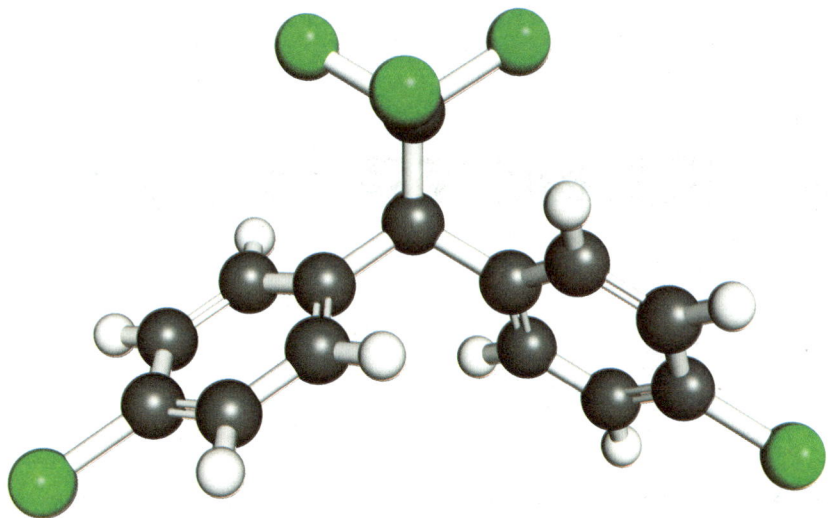

得一干二净。这样，人类数十年来的这个"心腹之患"就可以清除掉了。

小知识大视野

科学家认为，利用经过遗传工程改造的微生物治理环境污染、保持生态平衡将成为今后保护环境最有效的方法。如硝化细菌可去除碳、氮，杀灭病毒，降解农药，絮凝水体重金属及有机碎屑，它在消解碳系、氮系等有机污染时，也可消解有机污泥。嗜烃菌可短时间去除大部分油污，使其转化为二氧化碳和菌体蛋白。光合细菌能够利用水中残留的有机物作为氢的供体进行光合作用，减少分解水中的有害物质，起到改善水质，相对提高溶解氧的作用。鱼池中只要有5克／平方米的光合细菌，3小时内就能将池底不断产生的氮离子和有机物的初始分解物除去，使水质恢复正常。

微生物的克星"六〇六"

"六〇六"的发明

说起"606"，这里有一段可歌可泣的故事。有一位"幻想医师"名叫保罗·埃尔利希，他是罗伯特·科赫的高徒。在科赫发明他的细菌染色法时，埃尔利希曾建立了赫赫战功。既然染料在玻璃片上能渗入细菌，使细菌着色而死，那么，借用染料能不能杀死侵入体内的微生物呢？

保罗常常想，如果给活的动物染色，可以看到染料顺着血液流动的情景，那就可以明白活体动物的一切了。他就试着给一只兔子的静脉注射一点染料亚甲基蓝。他注视着颜色流经动物的血液和身体，还神秘地挑选活的神经末梢染成蓝色，但不染别的部分。

每次试验，他都只能把亚甲基蓝染到一种组织上。这种做法使保罗·埃尔利希升起了一个怪念头，这引导他发明他的魔弹。

他又胡思乱想起来，这里有一种染料，只给一只动物的一种组织染色，其余的一切组织都不管，那么一定有一种染料，它不进攻人的组织，而只进攻侵害人的微生物，并把它们杀死。

这样，1901年，他的8年魔弹研究开始了，他读到了拉弗兰的研究报告。拉弗兰是发现疟疾微生物的人，最近他又忙于研究锥虫。他拿这种恶魔给老鼠注射，老鼠百分之百死亡。他又在得病的老鼠皮下注射砷，虽然砷杀死了老鼠体内的锥虫，但老鼠也逃脱不了死亡的命运。

这一次，埃尔利希决定试试了。锥虫真是一种极好的研究材料，它不太难看见且易在老鼠体内生长。一定能找到一种染料，杀死老鼠体内的锥虫，但老鼠却安然无恙。

1902年，埃尔利希动手猎逐微生物。他买来大批健康的老鼠，然后让锥虫感染它们，看着老鼠一个个病倒。他开始试验不同的染料。一批，二批，三批，四批……成千只小白鼠死掉了，从来没有一只在注入了锥虫后会重新复活过来的。

一种，二种，三种，四种……近500种五颜六色的染料全部试完了，可是没有一种染料能够挽救这些小白鼠的生命，在死去小白鼠的血液里，依然充满着许许多多繁殖起来的锥虫。

一天早上，蓬头垢面、嘴上还叼着雪茄的埃尔利希来到实验室，对他的助手讲，如果把染料的结构稍稍变动一下，譬如加一个硫基，也许它们在血液里溶解得更好，也许能杀死锥虫。

新的试验又开始了。这一次，他们把加了硫基的染料注射到快死的老鼠体内。镜检的结果看来，血

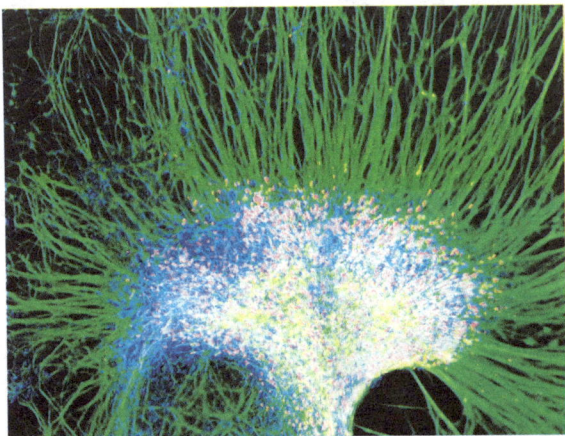

液中的锥虫数量越来越少，可老鼠也在呻吟声中痛苦地死去。又失败了。毕竟，加入硫基的染料杀死了锥虫。这也是一个充满希望的预兆啊！时间又过去了几年。

博览群书的埃尔利希这天突然看到一篇报道，报道说：在非洲黑人中间流行一种由锥虫感染的昏睡病，感染了此病的黑人在昏睡中大批死去，有一种名叫阿托西的药可以杀死人体内的锥虫，但却使病人双眼失明，再也看不见一丝光亮。

看到这篇报道，埃尔利希为之一震，染料加入硫化物可杀死锥虫，如果把阿托西改变一下，通过改造，一定可以既杀死锥虫，又不损伤眼睛。

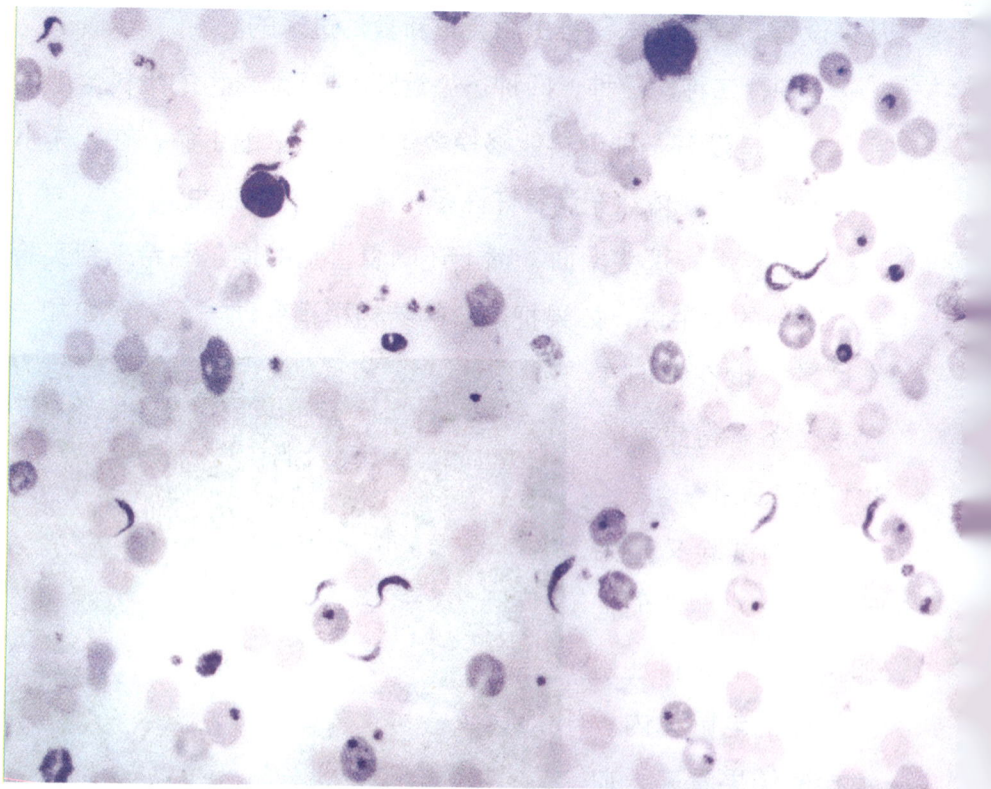

说干就干。保罗·埃尔利希组织他所有的实验工作人员开始对阿托西进行改造工作。没有白天，没有黑夜；没有节日，没有假日；实验在紧锣密鼓地进行着。

经过改变了化学结构的"阿托西"已经用了605种，但是小白鼠依旧是死亡，不过在这漫长而艰苦的斗争中，埃尔利希有了充足的信心，对付锥虫的魔弹一定可以制造出来，哪怕要试验1000次，2000次，无论如何，胜利一定会到来。

1909年到来了。这一年，埃尔利希已年过50，在全体人员共同努力下，魔弹"606"终于发明了。"606"的大名是"二氧二氨基砷苯二氢氯化物"。

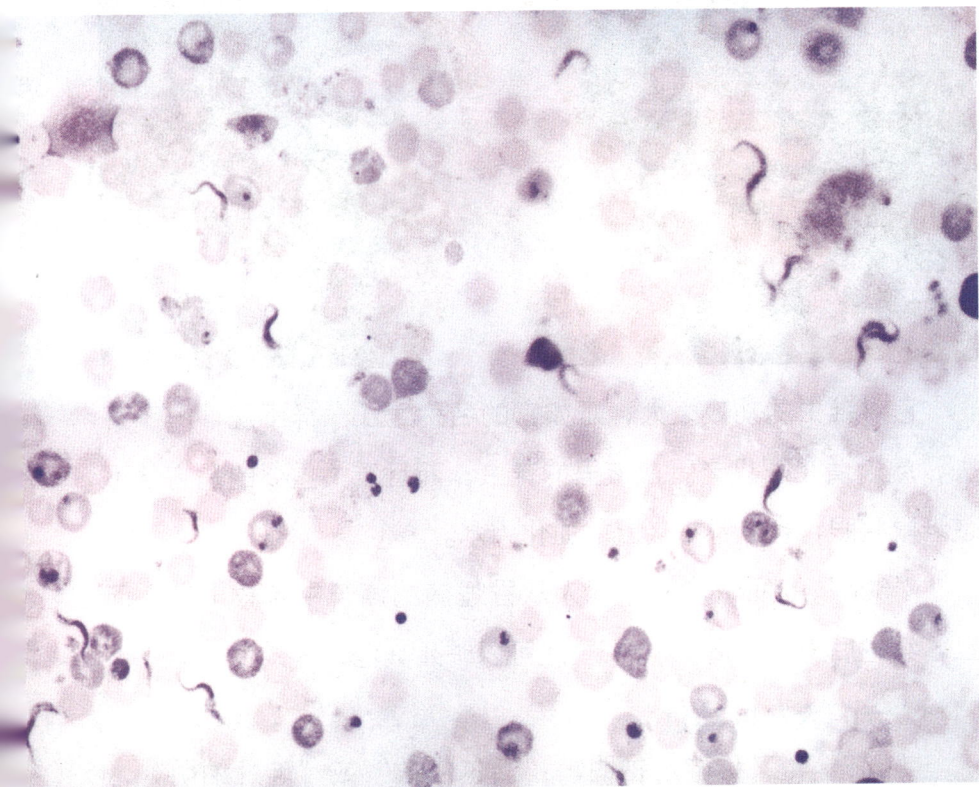

　　它对锥虫的功效之大，正如它的名称之长一样不凡，一针下去，就肃清了一只老鼠血液里的锥虫，而且至关重要的是它从不使老鼠瞎眼，也从不把老鼠的血化为水。

　　"606"的发明，使非洲人从昏睡病的痛苦中解救出来。而且，经过后来的改造，"606"还可以杀死其他一些微生物。

"六〇六"的功过

　　"606"，又称砷凡钠明、"洒尔佛散"或"砷凡纳明"，是一种含砷的抗梅毒药。这是第一个治疗梅毒的有机物，相对于当时应用的无机汞化合物是一大进步。它成为医学上治疗梅毒等病菌感染的有效药物，被人们誉为"梅毒的克星"。1912年，埃尔利希又成功地制成一种比"606"更安全有效的治梅毒新药"914"。

30年后，随着青霉素以及其他抗生素的发现，国际开始禁止使用"606"。其原因是砷凡纳明的副作用较大，因梅毒复发再次接受治疗非常常见，随着药物剂量累积，药物毒副作用也不断被报道，如：肾功能衰竭、视神经炎、抽搐、发热、皮疹等。且"606"对梅毒晚期并发症，尤其是神经梅毒无效。

在抗生素发现以前，由于"606"以及后来的"914"的有效治疗作用，即使有很大的副作用，但也没有更好的办法，因此一直在使用。有了更加安全、有效的青霉素治疗梅毒后，砷剂已很少用，青霉素已经取代了砷剂治疗梅毒的地位。

小知识大视野

保罗·埃尔利希，德国生物科学家，研究范围包括血液学、免疫学与化学治疗。他预测了自体免疫的存在，并称之为"恐怖的自体毒性"。1908年获诺贝尔生理学和医学奖。1910年与他的日本助手秦佐八郎在上万只老鼠上做了606次实验，发明二氨基二氧偶砷苯，被称为"魔弹"和"神奇子弹"。

细菌长什么样子

无处不在的细菌

也许你不知道，仅仅在你诞生数秒钟后，一些微小的生物就会包围你并侵入你的体内。现在，正有数百万个这样的生物覆盖在你的皮肤上。在你阅读这一页时，它们正聚集在你的鼻子、喉咙和嘴里。实际上，生活在你嘴中的这类生物的数量比生活在地球上的人还多。

它们是如此之小，以至于你无法看到或感觉到它们。但你无法逃离或避开它们，在地球上的任何地方你都可以找到它们的踪迹，例如土壤中、岩石上、北极的冰层中、火山及所有生物有机体上。这类生物就是细菌。

虽然地球上有许多细菌，但它们直到17世纪后期才被发现。一个荷兰商人安东•冯•列文虎

克很偶然地发现了它们。列文虎克有一个特殊的业余爱好——制造显微镜。一天，他用自己制造的显微镜观察牙缝内的牙垢，然而由于他的显微镜放大倍数不够，所以不能看到这种微小生物的内部结构。

如果当时列文虎克拥有现代多功能的高分辨率显微镜，他就能看到这些细菌了。细菌细胞在许多方面都不同于其他生物的细胞。细菌是原核生物，细胞内的遗传物质游离在细胞质基质中。

除了缺少细胞核以外，原核生物的细胞还缺乏许多真核生物细胞中的其他结构。虽然它们的结构有所欠缺，但是原核生物还是完成了所有的生命活动。也就是说每个细菌细胞都消耗能量，能生长发育，并能对环境做出反应及增殖。

细菌的生命形态

如果你在显微镜下观察细菌细胞，就会发现细菌细胞有三种基本形态：球状、棒状、螺旋状。细菌细胞的形态有助于科学家识别细菌类型，例如引发脓毒性咽喉炎的细菌是球状的。

细菌细胞的结构是由细胞壁的化学成分决定的。坚硬的细胞壁有助于保护细菌细胞。

细胞壁内是细胞膜，它负责控制细胞内外物质的进出。细胞膜内的区域称为细胞质，其中含有胶状物质。在细胞质中，有一些细微的结构，叫做核糖体。核糖体是合成蛋白质的"化工厂"。细胞质是还存在着细胞的遗传物质，就像一条粗粗的、相互交织的毛线。

如果把这些遗传物质解开，你会发现它形成了一个环形。遗传物质上包括控制所有细胞活动的指令，例如怎样在核糖体上合

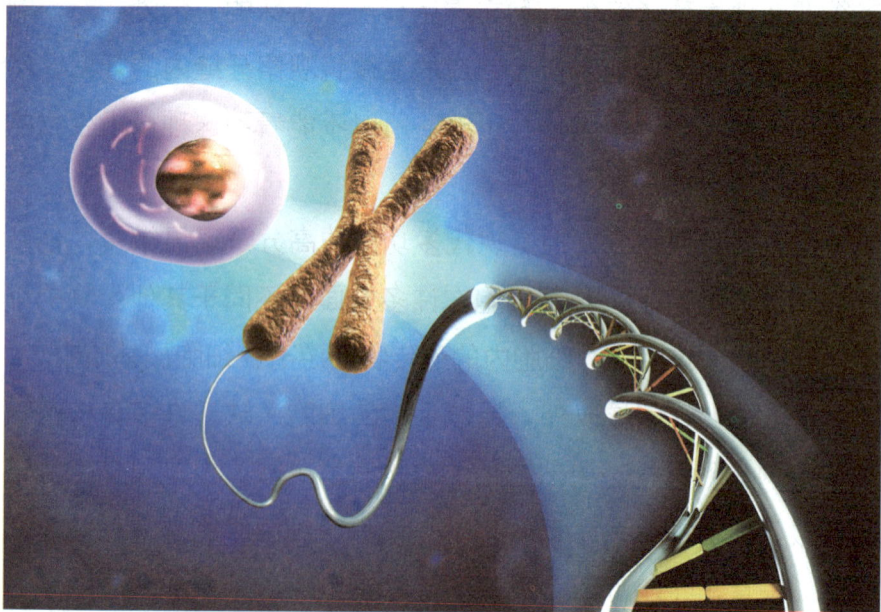

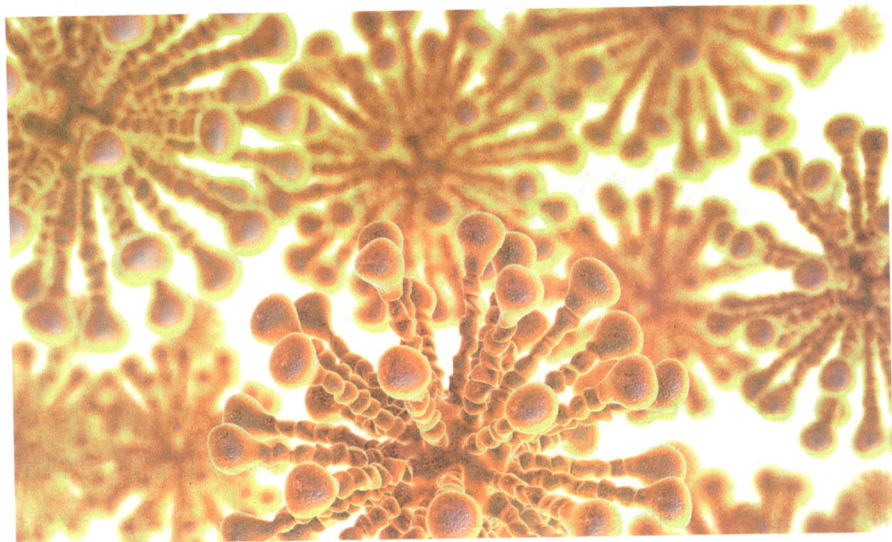

成蛋白质等。

　　细菌细胞内有细胞壁、细胞质、核糖体、遗传物质和鞭毛。鞭毛是一种长长的鞭状结构，由细胞膜穿过细胞壁向外突出。鞭毛能帮助细胞移动，就像人游泳时的蹬脚动作一样。

　　一个细菌细胞的鞭毛数可能是一至数根，或者根本没有。没有鞭毛的细菌不能自主移动，只能靠空气、水流、衣服及其他事物将它们从一个地方移到另一个地方。

小知识大视野

　　细菌主要由细胞膜、细胞质、核糖体等部分构成，有的细菌还有夹膜、鞭毛、菌毛等特殊结构。绝大多数细菌的直径大小在 $0.5 \sim 5$ 微米之间。并可根据形状分为三类，即：球菌、杆菌和螺旋菌。

细菌都会危害人类吗

细菌的用途很广

当你听到"细菌"这个词的时候，你可能马上就联想到生病，毕竟脓毒性咽喉炎、多种耳部传染病以及其他一些疾病都是由细菌引起的。确实细菌会致病，而且产生出其他有害的影响。

然而，大多数细菌还是对人类无害的甚至是有益的。实际上，人们在许多方面还依赖于细菌。细菌的用途很广，如用于燃料和食品加工业、环境的再循环和净化，以及医药生产。

当你用天然气煮蛋、烤汉堡，或者在屋内取暖时，想一想就是古细菌创造于这一切。古细菌生活在无氧环境中，比如湖底和沼泽的淤泥中。它们在呼吸过程中产生一种气体——甲烷。数

百万年前就已消亡的古细菌所制造的甲烷，是地层沉积的天然气的主要组成部分，约占20%。

你喜欢吃干酪、酸乳酪、苹果酒、腌菜和泡菜吗？各类有益细菌的存在合成了许多新的食物。例如，把新鲜黄瓜浸泡在一种液体中，生活在该液体中的细菌就能把黄瓜制成酱瓜。而生活在苹果汁中的细菌将果汁转化成醋，生活在牛奶中的细菌则制造出日常食品如脱脂乳、酸奶、酸乳酪以及干酪。

改变细菌的作用

有些细菌在降解食物中的有机化合物时，会使食物腐烂。腐烂的食物往往变得有难闻的气味或很难吃，让你感觉恶心。因此，很早以前人们就已经想出多种办法来减缓食物腐烂。他们把食物加热、冰冻、干燥、用盐腌制或用烟熏制。这些方法阻止了导致腐烂的细菌在食物内的生长，从而有利于保存食物。

生活在土壤中的细菌属于分解者，它们把死亡的有机体中较大的有机物分解成小有机物；分解者作为"自然再循环者"，把基本化合物归还给环境，从而便于其他生物的再次利用。

小知识大视野

细菌对人类活动有很大的影响。一方面，细菌是许多疾病的病原体，包括肺结核、淋病、炭疽病、梅毒、鼠疫、沙眼等疾病都是由细菌所引发。然而，人类也时常利用细菌，例如奶酪及优格的制作、部分抗生素的制造、废水的处理等，都与细菌有关。

寄生菌的威力有多大

冬虫夏草的真相

在绮丽多姿、变幻万千的自然界中，有许多奇特的现象。其中有一种奇特生物叫"冬虫夏草"。据说冬天里它是虫子，到了夏天它就变成了草。一种生物竟可变成另一种生物，这种变化是真的吗？它的奥秘在哪儿呢？

首先，这种现象在自然界中的确存在。《聊斋志异外集》有

一首寄咏冬虫夏草的诗：'冬虫夏草'名符实，变化生成一气通。一物竟能兼动植，世间物理信无穷"。

国外也有类似的记述，240多年前，有一位名为波拉比亚的人，在古巴的哈瓦那郊外旅行，曾目睹一只死去的黄蜂，腹部长出一根长达一米的"细草"。访及当地的土人，据说这里有一种黄蜂在茂密的森林里飞舞，不慎碰到树叶，于是，黄蜂和树叶一起落入土中，在死去的黄蜂身上就会长出植物的叶子，称为"蜂变草"或"植物蜂"。

冬虫夏草果真如土人所说的那样幻化而成的吗？直至19世纪，人们才弄清冬虫夏草的真相。举个例子来说吧。

青藏高原的雪线地带，有一种满身花斑的彩蝶，寒冬降临，它的幼虫蛰伏在潮湿而温暖的土内越冬，然而这里并非它们理想的天国，随时都会受到虫草菌的侵袭，这种真菌的菌丝一旦进入虫体内，就以幼虫的内脏为养料，滋生出无数新菌丝。有的菌丝萌生于体表之外，看去就像虫身上披着"白毛"。

当幼虫死后，体腔内"五脏六腑"都已被菌丝消耗殆尽，只留下一具包裹着菌丝的外壳。虫草菌断绝了食源，只好憩然入睡，进入休眠期。

来年春晖转发，暖日烘晴，幼虫尸体的头部长出一根圆棒的东西，就是古人所说的"草"。不过，与其称之为"草"，倒不如说它是菌丝上结出的"果实"更为恰当，真菌学家就称之为"子囊果"，果实内盛装着数以万亿计的种子——"子囊孢子"。

这就是冬虫夏草形成的过程，自然界乐曲中一段不太和谐的音乐——寄生。

寄生菌的危害和作用

寄生是一种生物生活在另一种生物的表面或体内，从后者的细胞、组织或体液中取得营养的生活方式，前者称为寄生物，后者称为寄主。在寄生关系中，寄生物对寄主一般是有害的，常使寄主发生病害或者死亡。

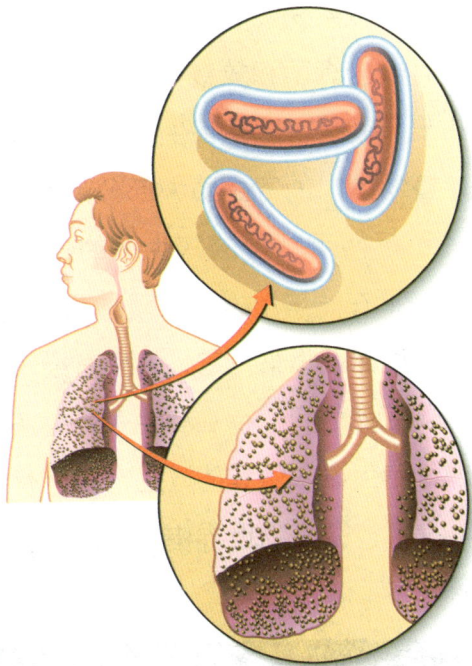

微生物中的寄生者就常常跑到动物、植物，或另外的微生物那儿去"做客"，一旦主人收留了它们，就会赖在那里不走。它们又吃又喝，又繁殖后代，一直把主人弄得家破人亡，才肯罢休。

引起人类疾病的致病菌都是寄生菌。例如，引起流行性感冒的流感病毒，引起肺病的结核杆菌，引起小儿麻痹症的脊髓灰质炎病毒等。

另外，造成动物疾病的寄生菌也是极为常见的，俗话说"传鸡"是病毒寄生造成的，这种病毒使鸡患急性败血症。病毒通过鸡的呼吸道或消化道进入鸡体，最初使鸡精神不振，不好吃食不好走动，继而鸡冠和肉唇变成黑紫红色，呼吸困难并发出"咕，咕"的叫声，最后嘴流黏液不能站立而死亡。这种病来得快死亡率高。病鸡身上有大量病毒，它们时刻都能传染到健康的鸡身上，造成传染病。

有一些真菌和放线菌也能在动物体上寄生，我们刚刚提到的冬虫夏草就是虫草菌寄生于昆虫虫体的结果。

植物体内的寄生菌大部分是真菌。我们爱吃的西瓜常常受到一种引起西瓜枯萎的寄生菌的侵扰，它能在土壤中活七八年不死。如果在一块地里连年栽种西瓜，它们就越来越猖獗，使西瓜枯死，所以西瓜最怕它们，只有经常搬家来躲避它们。

微生物之间也存在寄生关系。有病毒、类病毒这些微乎其微的非细胞生命入侵其他微生物，也有细菌入侵细菌的同族相侵。

看来，微生物世界中也有"本是同根生，相煎何太急"的悲叹呀！

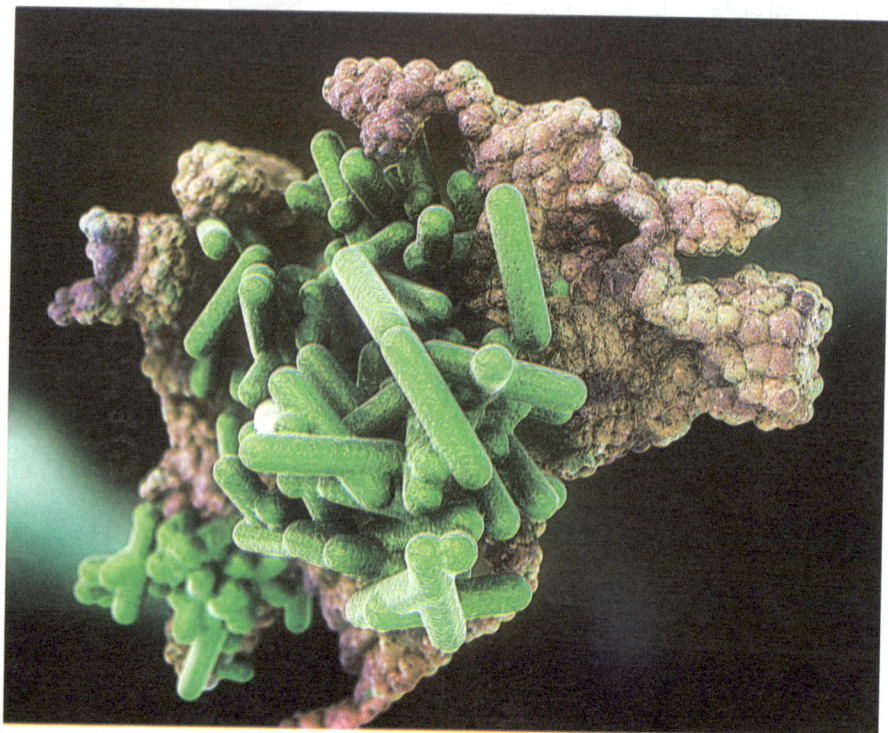

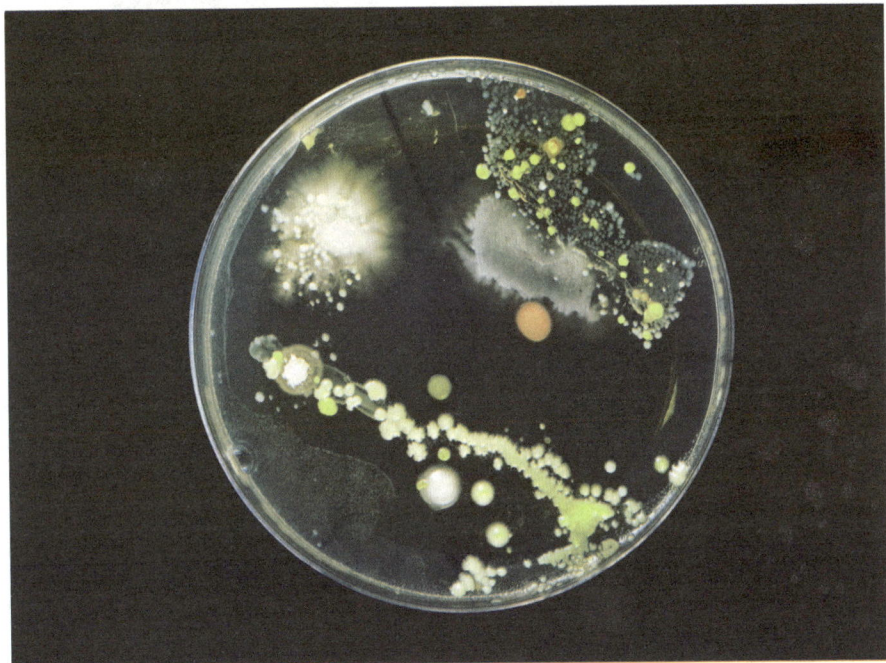

微生物的这些不速之客给人类带来了许多危害。同时，聪明的人类也将微生物的寄生关系应用到生产之中。就像我们现在关注的"生物导弹"，不仅可以杀虫、杀草，而且可以避免由于化学试剂的使用而造成的环境污染。

小知识大视野

寄生菌生活在细胞内，与细胞是一种互利共生关系：细胞的代谢产物可供寄生菌利用，寄生菌的代谢产物也可给细胞提供营养和养料，这是一种全新的生命现象，被称为生命中的生命！所以也可以说：寄生菌是一类细胞活性营养因子或细胞营养素！

青霉菌是如何被发现的

细菌突破磺胺类药的"封锁"

在埃尔利希发明六〇六后，德国医生杜马克发明了磺胺药。磺胺有着一种特殊的杀死细菌的方法。原来，细菌在生长繁殖的时候需要一种生长代谢物质，这种生长代谢物质叫对氨基苯甲酸，它在酶的参与下合成叶酸，进一步再合成催化蛋白质、核酸合成的辅酶F。

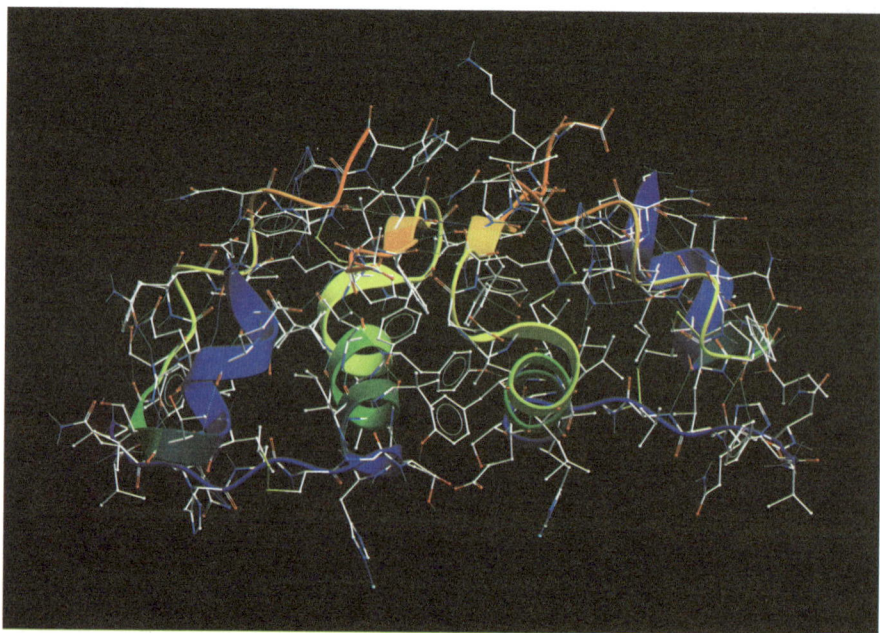

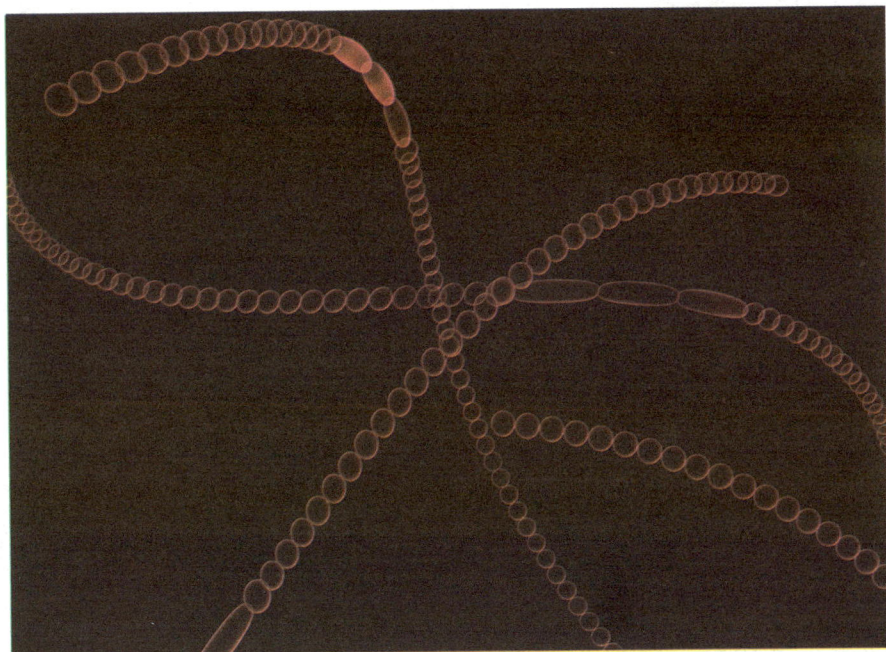

　　在这个代谢途径中如果发生某种障碍，就会使这些致命菌的生长繁殖受抑制。在化学药品中，磺胺的结构与对氨基苯甲酸很相似，当磺胺存在时，细菌体内合成叶酸的酶由于不能明察秋毫，就会把磺胺当做对氨基苯甲酸结合，这样菌体合成的叶酸就成了"假叶酸"，"假叶酸"不能继续再合成辅酶F，结果致命菌代谢发生紊乱，进而死亡。而人和动物可利用现成的叶酸生活，因此不受磺胺的干扰。

　　磺胺类药物能治疗多种传染性疾病，能抑制大多数革兰氏阳性细菌。如肺炎球菌、β-溶血性链球菌等和某些革兰氏阴性细菌的生长繁殖，对放线菌引起的疾病也有一定的疗效。

　　然而，尽管磺胺药有如此大的丰功伟绩，它也有弱点，它对付病菌的本领不是万能的，越来越多的事实促使人们不断寻找更多更有效地杀死有害微生物的魔弹。

医生们发现，有的病开始用磺胺类药物效果还显著，可时间一长，磺胺药便不再奏效。细菌依然我行我素，最后病人还是被夺走了生命。这是怎么一回事呢？

原来有些病菌认出了磺胺类药物以假乱真的本领，也相应改变自己的代谢方式，让磺胺类药物失去作用，继续危害人们的健康和生命安全。

人们企盼着更有效的药物出现。

意外闯入培养基的青霉菌

1939年，第二次世界大战爆发。战场中鲜血淋漓的伤口成了病菌侵入血液的门户，已有的药物越来越显示它们的局限性，越来越多的战士不是战死在沙场而是痛苦地死在后方的医院里。形势一天比一天严峻。

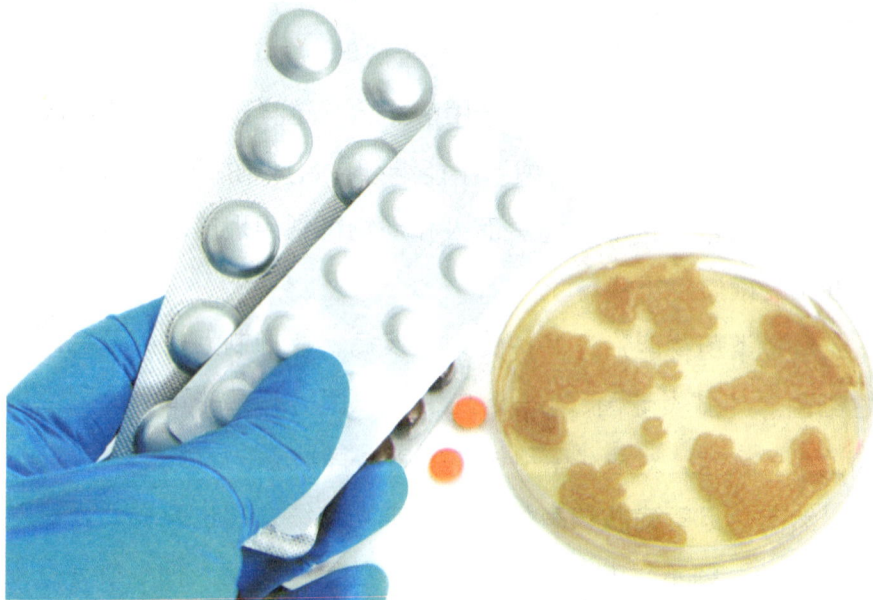

1943年初春，一件神奇的事实终于打破了这种可怕的局势。在对付病菌的战斗中，从此又掀开了历史上更加辉煌更加灿烂的新的一页。

这件事发生在美国中部的伯利汉城。

伯利汉城是救助受伤战士的温床，成百上千个受伤的战士从太平洋激战前线运到这里进行治疗。这一天，当医生们竭尽全力给一批病人治疗后，受伤的战士还是开始了昏睡，死亡之神已开始向他们招手。

就在这严峻时刻，医院来了一名年轻的医生，他带来两包淡黄色粉末。这位医生名叫李昂士，他是为了试验药效特地从外地赶来的。李昂士医生配好了药，给这批垂死的病人注射。

一小时、两小时过去了，奇迹开始发生。这些已被认为是必死无疑的病人睁开了双眼，并闪烁出活力的光芒。渐渐的，病人热度开始减退，一切症状都有了好转。

李昂立的淡黄色粉末取得了惊人的成就，整个医院顿时轰动起来。这是真正的救世良药。

这种淡黄色粉末究竟是什么？为什么会有这般神奇的杀菌魔力呢？

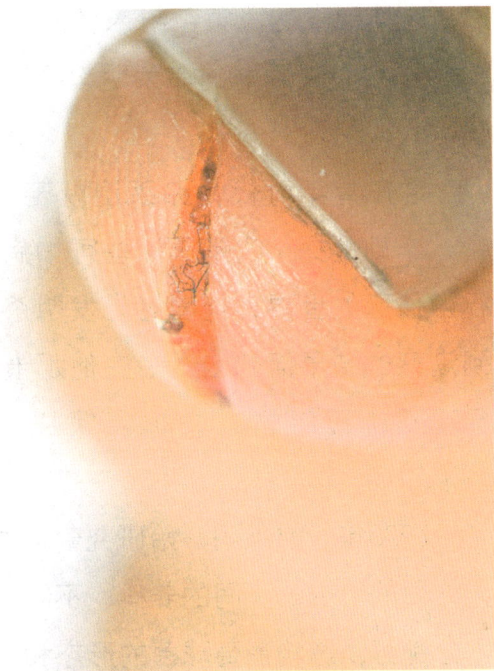

这种神奇的淡黄色粉末就是"青霉素"。青霉素的发现要归功于细心又勤勉的弗莱明教授。这里面有一段挺有趣味的故事呢！

早在青年时代，弗莱明就苦苦追索过病菌引起疾病的秘密，辛勤地探求过消灭这些可怕病菌的方法。面对当时由病菌行凶作恶的世界，他曾经为发明杀菌药物而努力过，也为得不到满意的结果而苦恼过。在他那十分简陋的实验室里，弗莱明日夜辛勤地工作着，探索着保卫人类生命免受病菌威胁的种种方法。

1928年，弗莱明开始研究葡萄球菌，他主要从事葡萄球菌变异方面的研究。不同的养料、不同的光质、不同的温度、不同的水分都可以影响葡萄球菌的形态和生理变化。弗莱明每天像一名辛勤的园丁，观察着它们在培养过程中的变化。

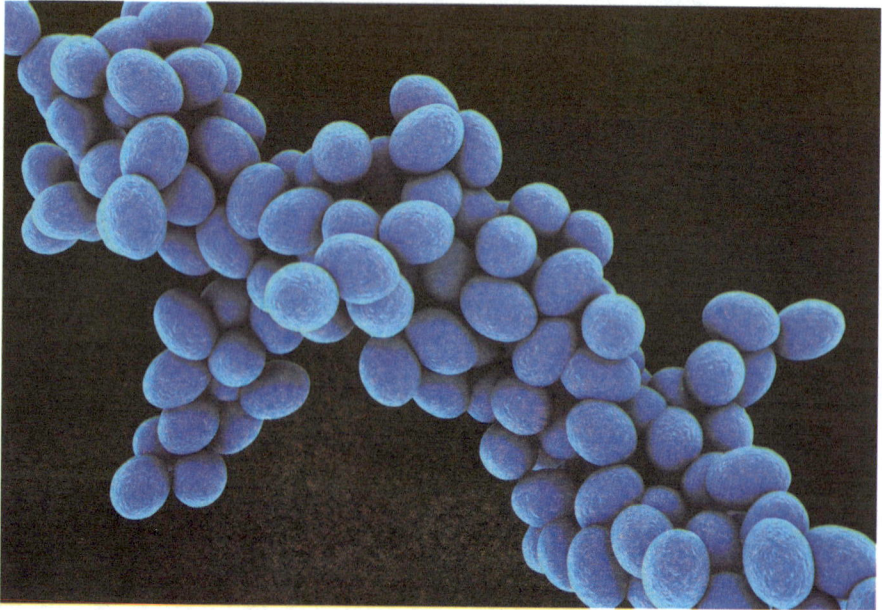

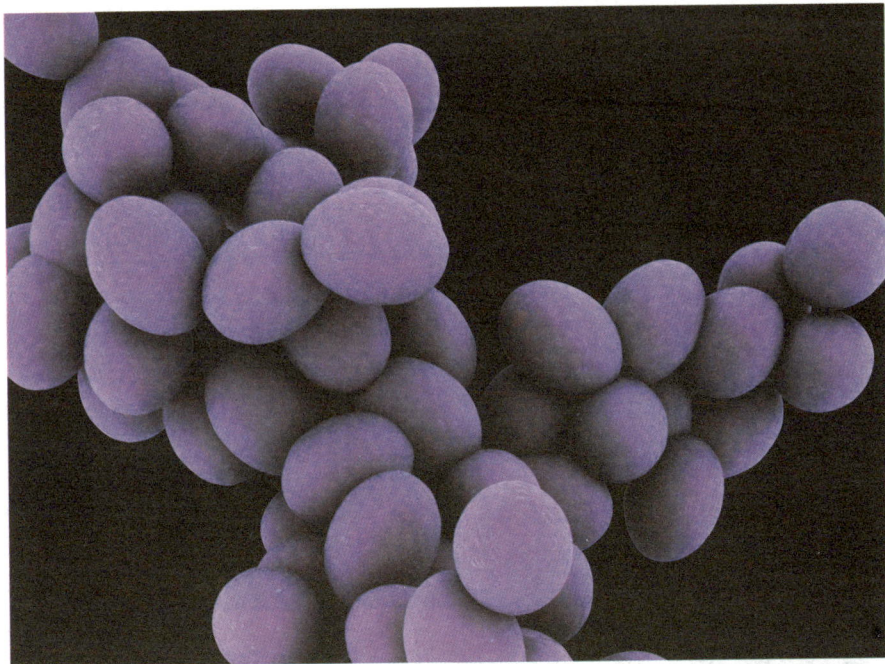

　　每天早晨，弗莱明便小心地揭开一个一个培养皿盖，吸出一点菌落在显微镜下观察它们的形态变化。然而，不管他如何小心，空气中飘浮的微生物总是会很轻盈地钻到他的培养皿中，吸收营养。

　　这些捣乱的家伙在培养皿中自由自在地生长繁殖，妨碍了正常实验的进行。这种空气微生物污染培养皿的情况几乎在每个细菌实验室都有过，只是程度有轻有重而已，谁能保证在揭开盖子的一刹那，没有任何小东西飞到里面去呢？

　　弗莱明每每遇到这种情况，他毫不灰心，只有另起炉灶，而且，他从来不放过这一几乎被每个细菌学家熟视无睹、习以为常的事实。

　　一个初夏的早晨，弗莱明照例进行常规观察。突然，他

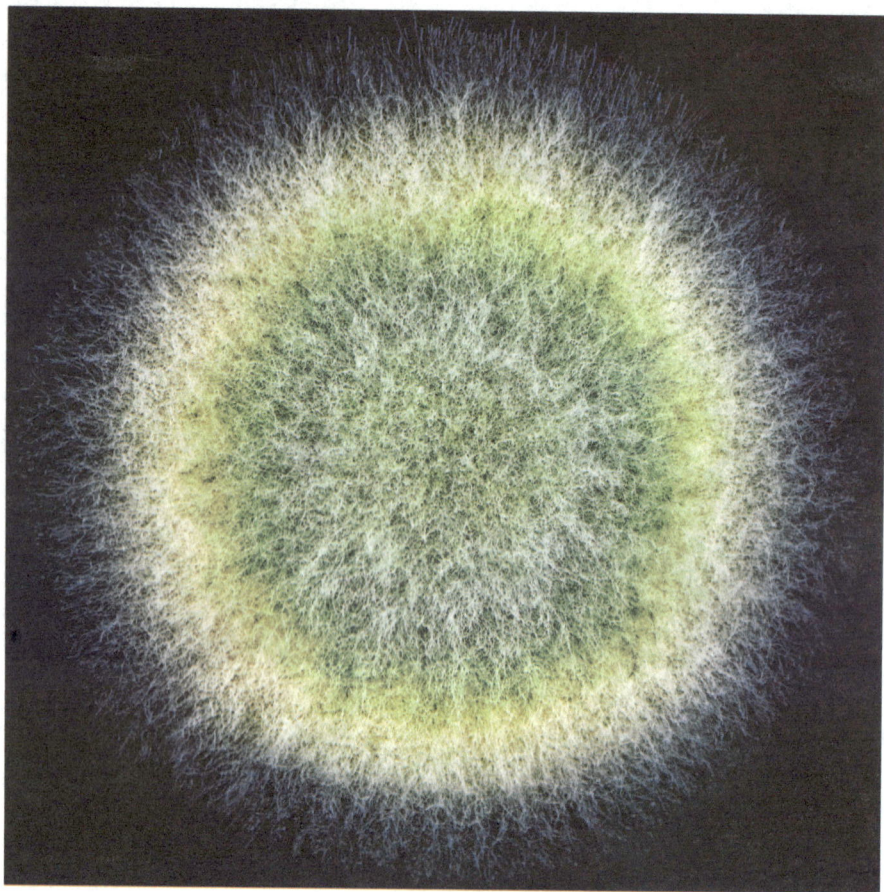

的目光凝聚在了一瓶被污染的培养基上，原来长得很旺盛的
葡萄球菌现在只剩下稀疏的几株了，取而代之的却是一片绿
色的细菌。

这就怪了，难道是绿菌把葡萄球菌杀死了？弗莱明马上把这
种绿菌进行纯化培养，然后把它接种到葡萄球菌皿中，结果葡萄
球菌慢慢地死掉了。

青霉菌和葡萄球菌这该是一种多么有意义的发现啊！

凶狠异常的葡萄球菌，现在被来自空气的不速之客——绿色霉菌制服了。

我们设想一下：一天早晨，弗莱明在揭开培养皿盖的同时，一种名叫青霉菌的细菌闯了进去，又被弗莱明敏锐的目光发现了，进而发现青霉菌可杀死葡萄球菌。

这是机遇吗？也许是的，可是历史上曾经有过多少类似的机遇啊！

苹果曾落到千百人的头上，而只有牛顿从中发现了万有引力定律；教堂里的吊灯，日日夜夜都在不停地摇晃，而只有伽利略才从灯的摇动中看到了著名的摆动定律。

弗莱明也一样。几乎在每个细菌实验室里，来自空气中的微生物都不止一次地落到培养皿中，可只有弗莱明才注意到这种来自空气中的霉菌能杀死病菌的重要现象。

这真是机遇吗？不！机遇只偏爱那些有准备的头脑。

小知识大视野

青霉菌属多细胞，营养菌丝体无色、淡色或具鲜明颜色。菌丝有横膈，分生孢子梗亦有横膈，光滑或粗糙。基部无足细胞，顶端不形成膨大的顶囊，其分生孢子梗经过多次分支，产生几轮对称或不对称的小梗，形如扫帚，称为帚状体。分生孢子球形、椭圆形或短柱形，光滑或粗糙，大部分生长时呈蓝绿色。有少数种产生闭囊壳，内形成子囊和子囊孢子，亦有少数菌种产生菌核。

病毒为何是细菌的克星

极具侵略性质的病毒

病毒，看到它的名字就觉得挺吓人，既是"病"又是"毒"的，肯定是一心一意制造疾病的家伙。

的确，只要有生命的地方，病毒就会进行侵略，它在活细胞中就像一个夺权篡位的"假君主"，将宿主的基因赶到一边，随心所欲地掌管了细胞甚至整个宿主有机体的生死大权。

入侵到动物细胞内的叫做动物病毒，它进入细胞是利用细胞的吞噬作用，随后它会潜伏一段时间，待到周围的警戒解除以后，便开始增殖。被病毒侵染的细胞一般不进行再分裂，它们持续地释放出病毒颗粒。

动物病毒能引起人和动物的许多疾病，狂犬病就是其中的一种，人被疯狗咬了以后，病毒就会随着疯狗的唾液由伤口侵入

人体，它危害人的神经系统，使人患上狂犬病，得病者的死亡率
几乎是百分之百。

植物病毒引起植物的病害，例如前面我们曾提到的烟草花叶
病毒，它严重影响烟草的产量，烟农对它恨之入骨。然而，花农
却对植物病毒感激涕零。

荷兰的郁金香是一种美丽的鲜花，但它有一个缺陷：它的花
瓣是纯色的，这无疑是绚丽的自然界的缺憾。一天，一位有心的
花农发现一朵郁金香的花瓣上竟然出现了彩色的斑纹，如果把这
朵花的浆汁涂在另一朵上，那朵花也必然形成杂色花。这一发现
使那位花农成为当时唯一一位能种植杂色郁金香的人。

但是，不久以后，这一秘密很快被人们发现。以后的研究表
明，使纯色郁金香变为争妍斗艳的杂色郁金香的不是别的，正是

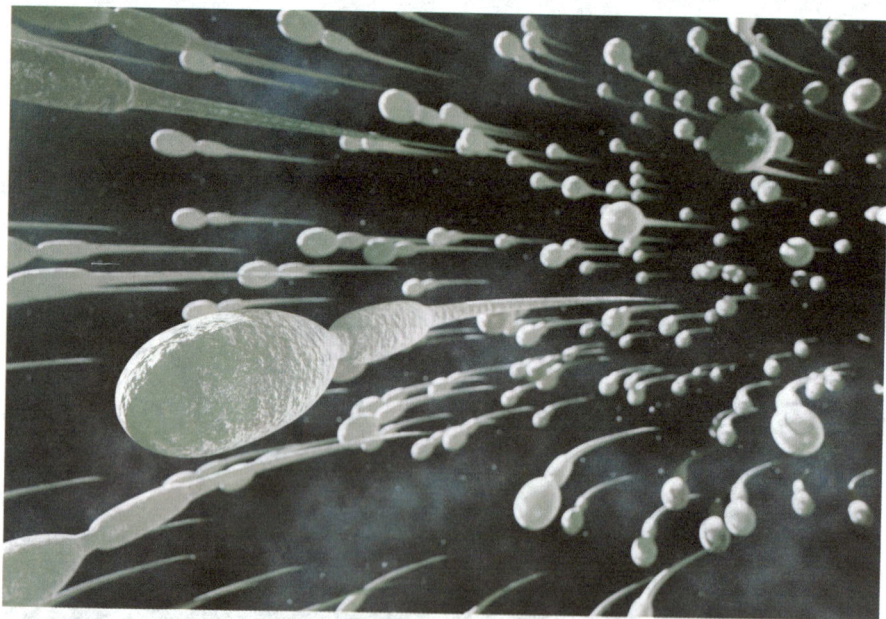

植物病毒。

细菌的天敌噬菌体

所谓"山外青山楼外楼"，细菌是入侵他物的行家里手，却不知螳螂捕蝉，黄雀在后，细菌的背后，立着它的天敌——噬菌体。噬菌体是1915年被发现的。它们像其他的病毒一样能通过细菌滤器。它们的外形像个蝌蚪，头部为圆形或多角形，后面是管状的尾部，末梢还有6根尾丝。

在侵染细菌细胞时，尾丝先抓住细菌的细胞壁，分泌一种酶，把细菌的细胞壁溶解，形成一个洞，然后，尾鞘穿到细胞中，像注射器一样把头部的核酸注入菌体。

这些核酸进入细菌的细胞后，俨然变成了细胞中的"国王"。它命令细胞停止原来的物质合成，转而制造噬菌体后代所需要的物质。最后，它还导致细菌的细胞壁破裂，释放出新的噬菌体。从开始入侵到最后宿主细胞"国破家亡"，噬菌体带着"菌子""菌孙"们开辟新的殖民地，一般只需要20分钟的时间。在一个菌体的细胞内就能复制出约150个噬菌体。通常把这种噬菌体叫做烈性噬菌体，被烈性噬菌体破坏、溶解的微生物叫做敏感菌。

病毒的危害和益处

不仅细菌害怕病毒，放线菌、霉菌与其他微生物也是谈"病毒"色变，望"病毒"而逃。

有一些噬菌体性情比较温和，侵入菌体以后，并不马上进行繁殖，它只和细胞的遗传物质紧密结合，并随着菌体的繁殖带到新一代的细胞中去。这类性情温和的噬菌体就叫做温和噬菌体。

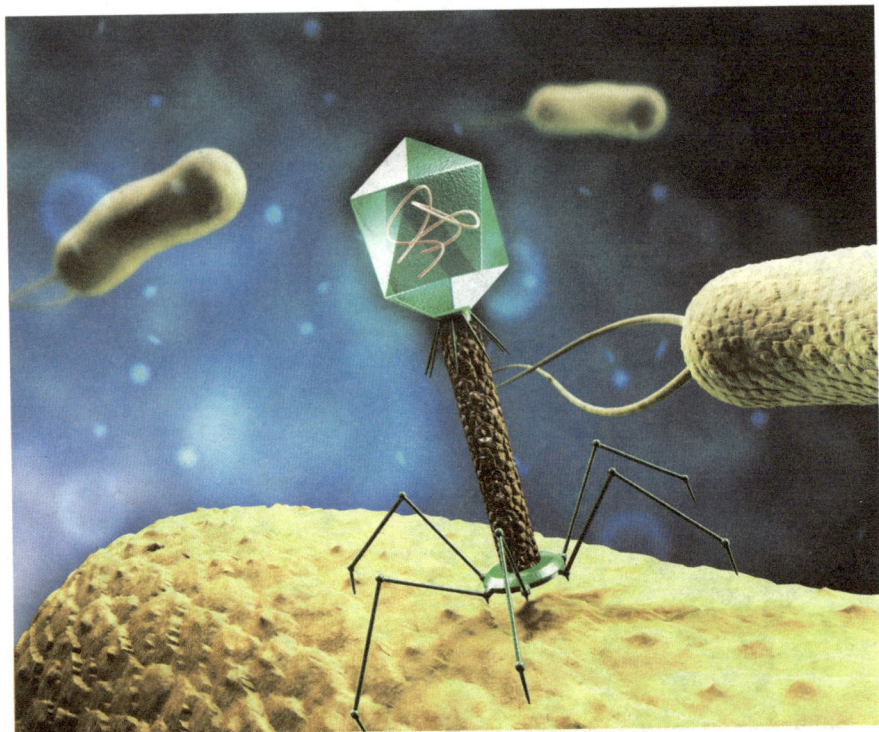

病毒给我们带来了很多危害，单是侵染皮肤而引起的疾病就有水痘、天花、麻疹等；引起神经组织的疾病有狂犬病、脑膜炎和小儿麻痹症；还有最常见的流行性感冒、病毒性肝炎这类引起内部器官病变的疾病；它还能引起农副产品的减产，带来严重的经济损失。

也不是所有的病毒都能引起疾病，对于不造成疾病的病毒又有孤儿病毒之称。有的两种病毒形影不离，常常寄生于一个细胞之中，我们称之为卫星病毒。

同时，病毒的存在也给人类带来了很多益处。在医治烧伤病人的时候，最担心的是烧伤面被绿脓杆菌感染，给治疗造成困难。如果用绿脓杆菌的噬菌体来预防，就可以防患于未然。

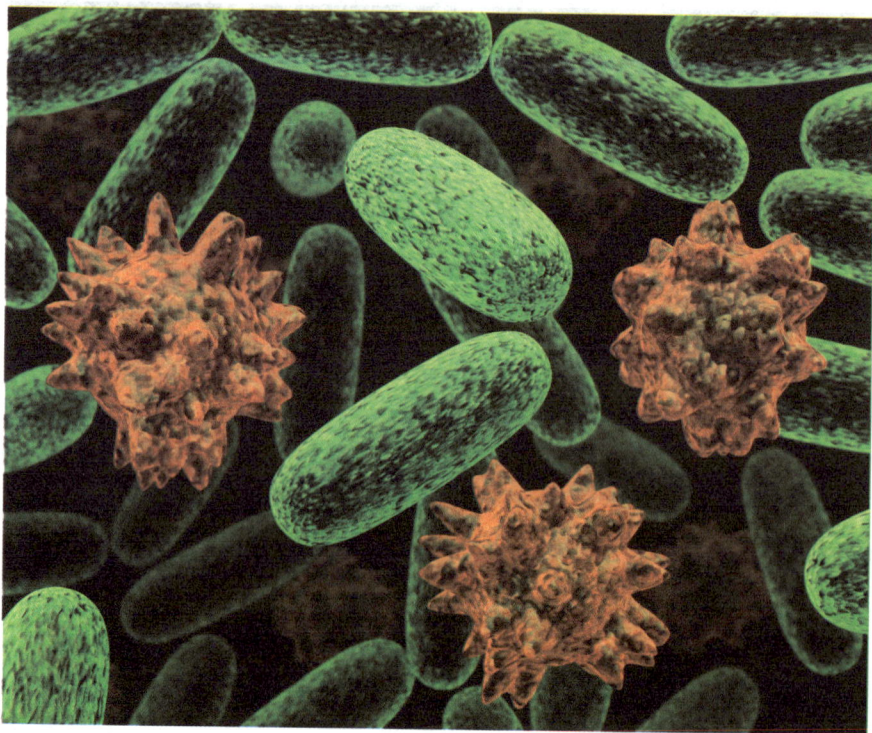

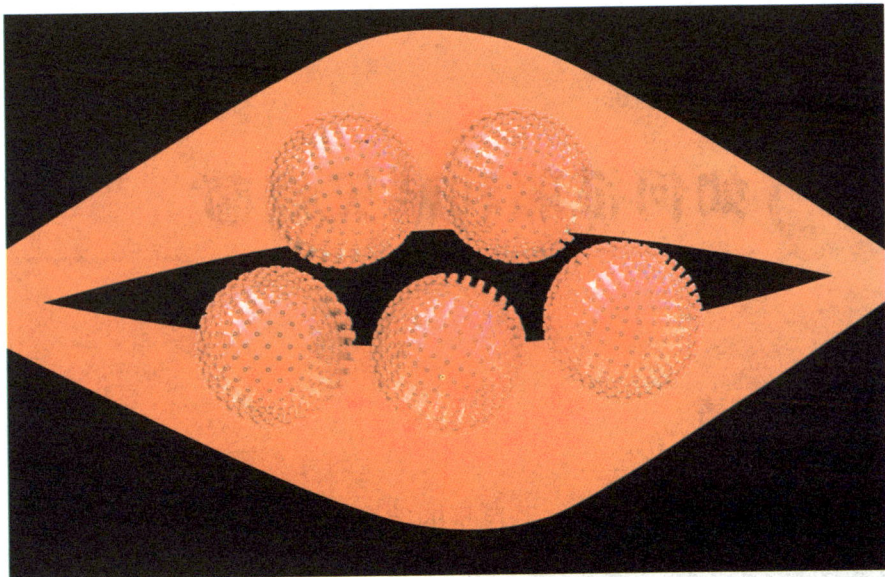

　　在农田管理中，农民最害怕的是害虫，为了杀灭它们，农民使用了大量的农药，但是大量的农药在杀死害虫的同时，还杀死了大量的益虫，而且农药的性质稳定，不易分解，它们在土壤、水、生物体内积累贮存，并相互转移，形成环境污染。

　　随着科学技术的发展，近几年来，农药被"生物导弹"所逐渐取代，这些生物导弹就是入侵害虫的细菌、病毒等。

小知识大视野

　　病毒由蛋白质和核酸组成，是比细菌还小、没有细胞结构、只能在活细胞中增殖的微生物。多数要用电子显微镜才能观察到。病毒可以利用宿主的细胞系统进行自我复制，但无法独立生长和复制。病毒可以感染所有的具有细胞的生命体。

如何征服和消灭病菌

高温灭菌

在瞬息万变的生活环境里，我们无时无刻不受到数以亿计的病菌的侵袭。人类为了保卫自身的健康，在体内和体外一直与病菌进行着无声激战。在保卫人体的外围战中，人们根据不同需要采用了不同的方法来击退病菌的侵犯，灭菌、消毒和防腐，就是三种常用而程度不同的斗争方法。

灭菌，是在一定范围内消灭物体上所有微生物的方法。医院里对手术器械通常采用间歇灭菌法，即把器械煮沸30分钟，在20～37℃的恒温环境中放置一天，这样，某些没有杀死的微生物芽孢会误以为危险期已过，"放心大胆"地进行繁殖，这时

再蒸煮杀菌，连续反复几次，手术器械便可以达到完全没有微生物的要求。

高压蒸汽和干热空气两种方法都可以用于灭菌，不过由于多数微生物的耐干热性较强，所以高压蒸汽灭菌一般仅需在121℃温度、30分钟的条件下即可达目的，而干热空气灭菌的条件则为140℃、4小时。

除此之外，太阳光中的红外线可以使微生物细胞中的水分大量蒸发，紫外线又能使微生物细胞中的核酸分子发生变化，所以常晒衣服和被褥是一种廉价的灭菌方法。

药水消毒

消毒，是不彻底的灭菌方法。因为在许多场合下不需要把微生物全部杀死，只要消毒就可以了。例如手上碰破了一块皮，可以擦些紫药水或红药水；打针的时候，大夫先用碘酒、后用酒精给皮肤消毒，这些都是为了达到局部灭菌的目的。

在使用消毒药水时，千万不要把红药水和碘酒同时擦到皮肤上，以免引起中毒。巴斯德经过多次实验确认：把鲜牛奶加热到71℃，持续15分钟，即可以消灭其中的结核杆菌和伤寒杆菌，又不至于损坏牛奶的营养价值和风味。在这之后，人们普遍地使用这种方法保存牛奶。这就是有名的巴氏消毒法。

干燥或冷藏防腐

依靠各种手段抑制某些微生物生长繁殖的过程，叫作防腐。人们经常把多余的鱼肉、蔬菜和水果或晒干，或盐腌，或制成蜜饯，这是因为微生物的繁殖需要一定的水分，而经过处理的食物不含或只含极少量的水分，从而铲除了滋生微生物的"温床"，起到了保存食物的作用。

微生物的生长还受温度的影响，一般细菌在30～37℃、霉菌在25～28℃生长最旺盛，如果降低温度便可以减弱微生物的生命活动，或者使它们处于休眠状态，因此人们利用冰箱、冰库来贮藏肉、蛋。

但是冷藏仅仅是为了防腐，达不到灭菌和消毒的作用，所以冷藏食物需要有时间限制，一旦超过了冷藏

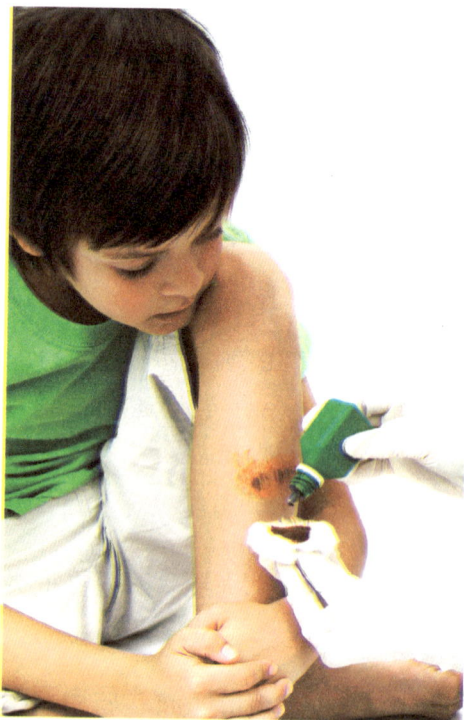

期，微生物适应了低温环境，会从休眠中"醒来"，导致食物变质。肉类一般在低温下可以保存一年左右，蛋类的保存期更长一些。时至今日，人们找到了并且还在继续寻找战胜有害微生物的有力武器。

小知识大视野

灭菌是指用物理或化学的方法杀灭全部微生物，包括致病和非致病微生物以及芽孢，使之达到无菌保障水平。经过灭菌处理后，未被污染的物品或未被污染的区域能够保证人类的生命安全。

农作物增产丰收的秘密

根瘤菌是微型化肥厂

我们知道，植物生长需要氮元素。然而，占大气78％的氮却以分子态存在，大多数植物和动物都不能直接利用。工业合成氮肥，要耗费大量的能源，且严重污染环境。能否让植物直接利用大气中广泛存在的氮源呢？

神奇的微生物可以回答这个问题。

当我们把豆类植物连根拔起时，除了看到像胡子一样的根毛之外，根毛上还长有许许多多的小圆疙瘩。这些球状结构是由于一种微生物侵入植物根部后形成的"肿瘤"。植物身上的这种"肿瘤"不但不会使植物生病，反而成了专门供给植物营养的小"氮肥厂"。

在显微镜下可以看到，根瘤中住着一种叫根瘤菌的细菌。它们侵入植物根部后，分泌出一些物质，刺激根毛的薄壁细胞，增殖而形成"肿瘤"。

根瘤菌依赖植物提供营养来生活，同时把空气中游离的氮气固定下来供给植物利用。一个小小的根瘤就像一个微型化肥厂，源源不断地把氮气变成氨提供给植物吸收。

生物固氮由两类微生物来实现。一类是能独立生存的非共生微生物，主要有三种：好气性细菌、嫌气性细菌和蓝藻（蓝细菌）；另一类是与其他植物共生的共生微生物，如与豆科植物共生的根瘤菌、与非豆科植物共生的放线菌以及与水生蕨类红萍共生的蓝藻等，其中以根瘤菌最为重要。

运用微生物制造肥料
既然豆科植物能直接利用大自然中的氮源，那么，能否让其他植物也具有同样的功能呢？人类自然会想到这个问题。

首先，我们得弄清楚是什么决定固氮作用的？科学家告诉我们，原来固氮体内含有固氮基因。固氮基因传递着遗传信息，使固氮微生物世世代代具有固氮能力。包括农作物在内的一切高等植物，因为没有固氮基因，当然也就没有固氮能力。但如果把固氮基因转移到作物细胞里，培养成新品种，就能够固定空气中的氮气。

10多年的研究，科学家们发现生物固氮体系远比想象的复杂得多。而且随着新发现不断增多，复杂程度也逐渐增加。不过最近似乎开始从这种复杂体系中理出"头绪"了，相信过不了多久，科学家们一定会找到可行的途径。

其实，我国人民很早就知道利用微生物的固氮作用提高土壤

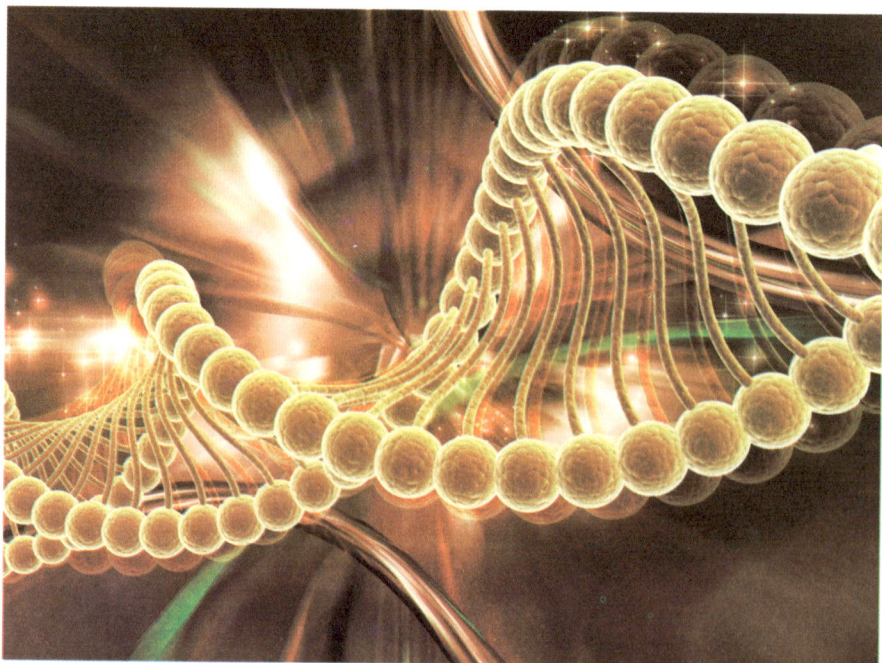

肥效。远在几千年以前，就已经学会轮番种植瓜类和豆类以提高产量，而西方采用轮番种植技术，是18世纪30年代以后的事。

运用微生物消灭害虫

把固氮的微生物进行人工培养获得大量的活菌体，然后用它们拌种或播种，也是一种很好的细菌肥料。

化学农药的发明及应用，曾经给农业生产带来质的飞跃，的确让人们很是欣喜了一阵，然而大量应用化学农药也同时带来了严重的环境污染。寻求其他方法杀灭害虫已经成为人类迫在眉睫的研究课题。

损坏庄稼的害虫和别的动物一样容易受到微生物的侵袭而患病或死亡。已经发现昆虫的病源微生物就有2000多种。这些活跃在大自然中的微生物成了害虫的天敌，也成为人们和害虫斗争的

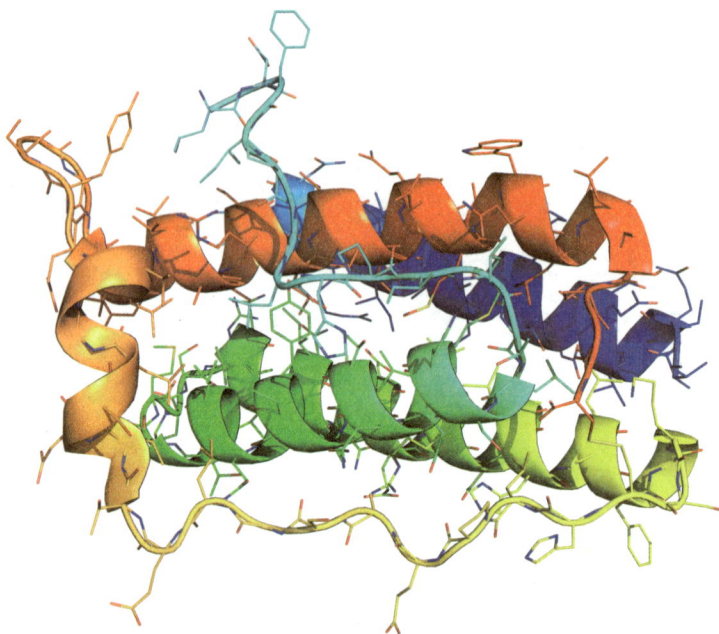

天然"同盟军"。

人们精心地培养这些微生物，把巨大数量的活菌体撒布到田间，让它们去发挥威力。与化学农药相比，它们对人和动物以及益虫是没有毒性的，而害虫一旦感染了便像疫病一样流行，很快就会使虫口密度下降，迅速扑灭虫灾。

另外还有一年防治，多年有效的好处。微生物中用来作为杀虫剂的主要是细菌、病毒和真菌。细菌中，粪链球菌、产气杆菌的许多种类对鳞翅目害虫都有很强的杀伤能力。

不过目前使用最多的还是芽孢杆菌。1915年德国人贝尔林茨在苏云金的一个面粉厂发现了一种芽孢杆菌具有很强的杀虫能力，于是把它定名为苏云金杆菌。

这种杆菌在菌体的生长过程中形成抵抗力强的芽孢，还产生一种结晶体叫作伴孢晶体。伴孢晶体是一种蛋白质结晶，它对害虫有强烈的毒性，当害虫把它吃进体内以后，虫体肠道组织便被破坏，而芽孢在虫体内发育并大量繁殖，最终引发败血症。

同时苏云金杆菌有许多变种，如青虫菌、杀螟杆菌、松毛杆菌等多达17种。不同的变种杀虫力各有不同。青虫菌对稻螟岭、玉米螟、菜青虫、松毛虫等几十种鳞翅目的害虫都有强烈的毒性，杀虫效率可达80％~100％。

湖北农科院研制并生产的Bt农药，就是用苏云金杆菌菌体来吞噬农作物上的害虫的生物农药。

将Bt农药喷洒后，虫子不是立即"死光光"，而是虫身变黑，胃肠被细菌侵蚀，24小时患"败血症"或"毒血症"而死。Bt农药无公害，不污染环境，对人畜无丝毫伤害，害虫也不会因

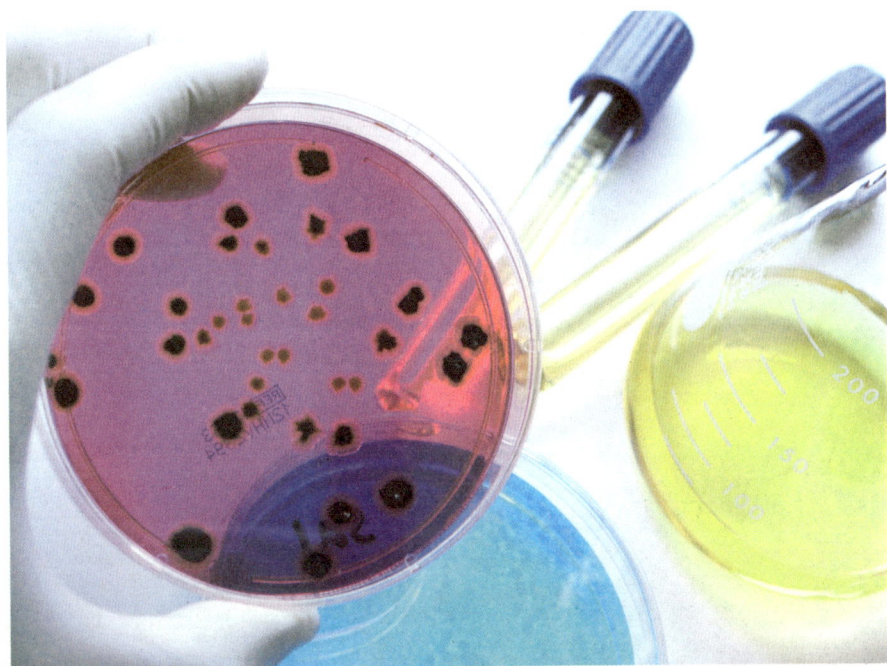

此产生抗药性。

中国科学院武汉病毒所研制的"生物导弹"，能让赤眼蜂携带强力病毒，传递到松毛虫卵表面，初孵幼虫吃掉卵壳便会感染病毒死亡，而病毒还会在松毛虫群体里流行。

运用微生物消灭杂草

以上是人们利用微生物杀虫的例子，其实，还可以利用微生物来锄草。

早在1970年就发现微生物代谢产物——环己酰胺可以防治农田杂草，而对水稻无害。以后又发现一些微生物除草剂，例如，1977年日本橘邦隆等在放线菌培养液中发现双丙鳞A对单子叶及双子叶的杂草有明显杀除效果。

谷氨酰胺合成酶，简称"GS"，它在微生物及植物体中参与谷氨酸的合成和氮的循环，尤其对植物体内谷氨酸的合成更为重要。

双丙磷A能抑制GS的活性，导致氨的累积和谷氨酰胺的减少，而氨是光合磷酸化的抑制剂，当它的浓度高时，对杂草有毒害作用，从而达到了除草的目的。

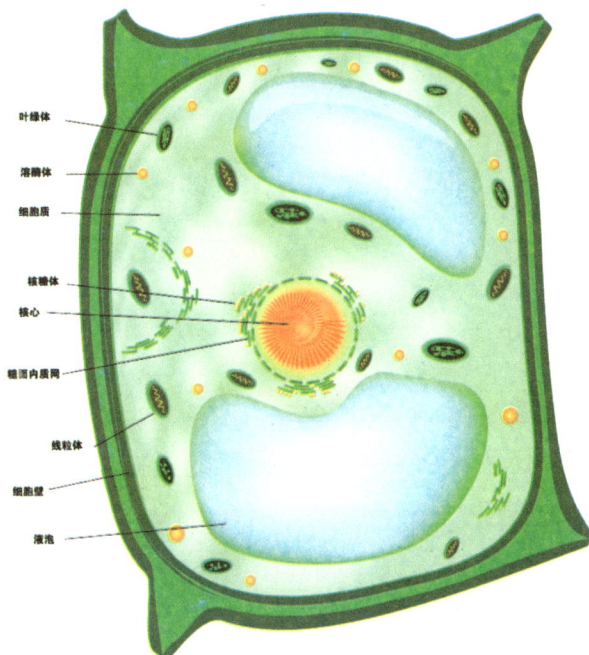

叶绿体
溶酶体
细胞质
核糖体
核心
糙面内质网
线粒体
细胞壁
液泡

小知识大视野

苏云金杆菌是世界上应用最为广泛、用量最大、效果最好的微生物杀虫剂，因而备受人们关注。但是，商品Bt制剂在生产防治中也显示出某些局限性，如速效性差、对高龄幼虫不敏感、田间持效期短以及重组工程菌株遗传性状不稳定等，都已成为影响Bt进一步成功推广使用的制约因素。因此，为了提高Bt制剂的杀虫效果，对其增效途径的研究已成为世界性的研究热点。

免疫力是如何产生的

琴纳种牛痘的启示

人对于某种疾病有天然的抵抗力，这是很明显的。例如，面临同样严重的传染病，有些人只轻微发病，也有些人会生场大病，而另外有些人则会因此丧命。

人类对某些疾病也可能具有完全免疫的能力，这种能力可以是先天的，如白细胞吞噬病毒的事情，也可以是后天获得的，比

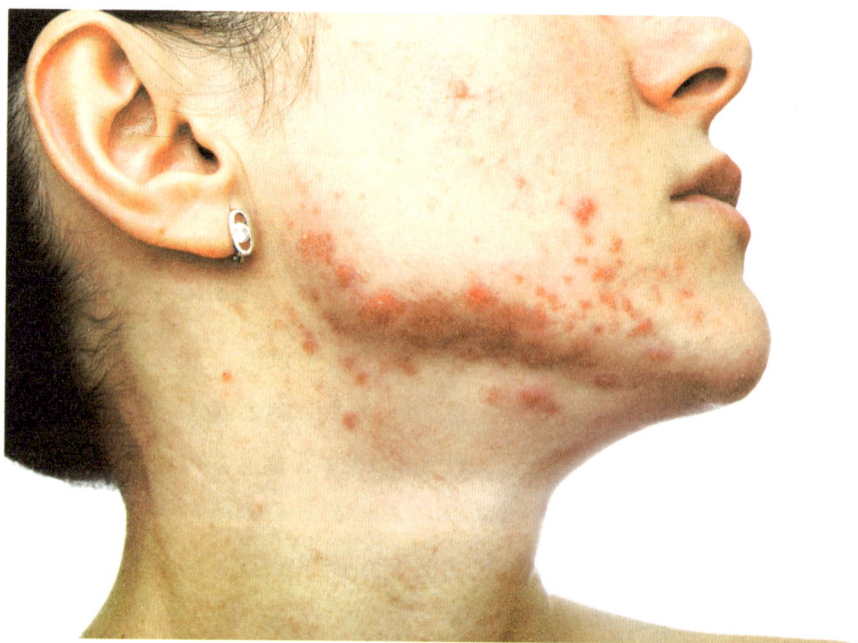

方说，一个人只要患过一次麻疹、流行性腮腺炎或水痘，就可以终身免疫。

上述三种病症碰巧都是由病毒引起的，但它们只引起比较轻微的病症，很少使人死亡，即使其中最厉害的麻疹，通常也只是使小孩产生轻微的不适而已。

人体是如何战胜入侵病毒的呢？战胜后又是如何加强自身的防卫力量使战败的病毒不再入侵的呢？在解决这些问题的过程中，发生了一段感人肺腑的现代医学科学插曲。

18世纪末，天花是一种令人闻风丧胆的疾病，不仅因为它会夺取人的生命，而且因为它会在病愈者的脸上留下永不消退的瘢痕。

早在17世纪时，土耳其人就开始故意用温和型天花感染自己。他们的做法就是在自己的皮肤上抓出伤口，再从感染轻微天花者身上的水泡里取出液体，涂在伤口上。土耳其人的这种做法虽然冒险，一不小心便会面目全非甚至死去，但天花实在太恐怖，人们只好冒险一试以免受其害。

在英国格洛斯特郡，某些乡下人对于如何躲避天花另有一套办法。他们相信：感染牛的牛痘会使人同时对牛痘和天花具有免疫力。

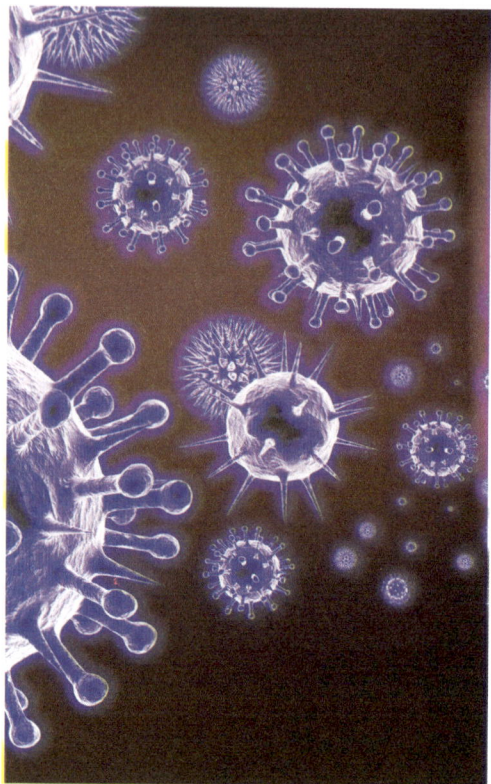

当地一位名为琴纳的医生认为乡下人的"迷信"有一定的道理。他注意到：挤牛奶女工特别容易感染牛痘，但特别不容易感染天花。

会不会是因为牛痘与天花很相像，所以人体具有抵抗牛痘的能力之后能抵抗天花呢？

琴纳为验证这个想法做了一个非常著名的实验：他从一位牛奶女工手上的牛痘水泡取出汁液，给一名8岁儿童接种，两个月后，再将天花接种到该孩子身上。这个孩子果真未患病，他对天花免疫了。

琴纳称这个方法为种痘。种痘立即如野火般地传遍整个欧洲。

巴斯德的霍乱实验

在种牛痘成功后的一个半世纪里，人类一直在努力寻找类似的治疗方法，以对付其他严重疾病。可惜的是，人类在这条道路上并无任何进展。直到巴斯德在多少有点偶然的情况下，发现将微生物毒性减弱可以使一种原本严重的疾病变得轻微，人类才又向前跨出一大步。

巴斯德用一种引起鸡霍乱的菌为实验材料。他将菌液加以浓缩，使它的毒性加剧，只需在鸡的皮下注射一点菌液，就可使鸡在一天之内死亡。

有一次，他将已经培养了一星期的培养液注入鸡体内，出乎意料的是，鸡的病情轻微而且很快就复原了。巴斯德认为那次的培养液已坏了，于是他重新制备了一批剧毒培养液。

但是，这次新的培养液却未能使那些注射过"失效"培养液的鸡得病。很明显，鸡在感染毒性减弱的细菌之后，已具有抵抗未减毒细菌的能力。

就某方面来说，巴斯德是为鸡的"天花"制造了人工"牛痘"。虽然这个实验与牛痘毫不相干，但巴斯德仍然称它为种痘，以表明琴纳的理论对他的帮助。从那时起，人们就普遍地用

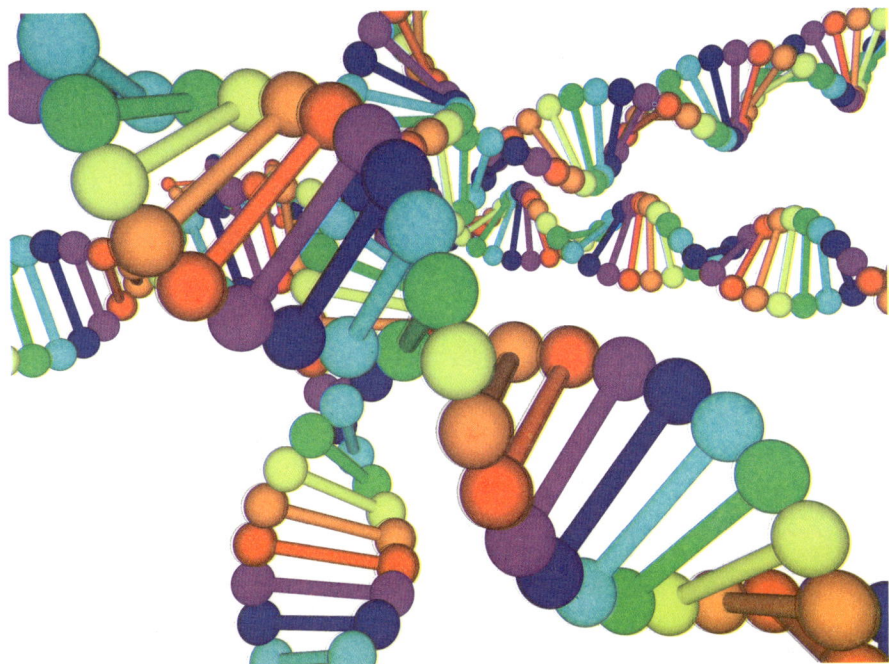

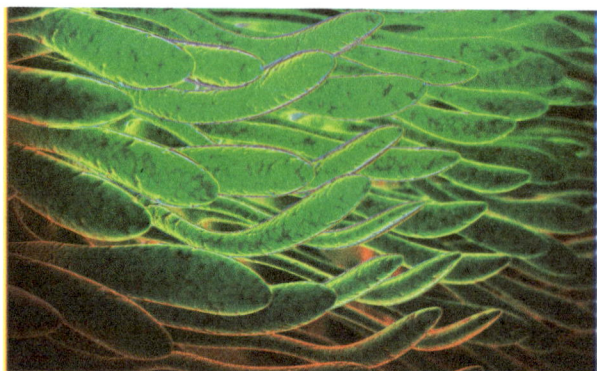

种痘来表示对任何疾病的接种，而把用来接种的物质称为疫苗。

疫苗如何抵抗疾病

疫苗究竟是怎样抵抗疾病的呢？这个问题的答案可能会给我们一把了解免疫化学过程的钥匙。

半个多世纪以来，生物学家早已知道抗体是人体能抵抗感染的最主要因素。病毒，实际上几乎任何一种异物，一旦侵入机体的化学过程就称为抗原。抗体是人体制造的一种抵抗特定抗原的物质，即抗体与抗原结合，使抗原无法发生作用。

一种抗原究竟怎样引起一种抗体的呢？皮·埃尔利希认为，身体内平时有少量的各种可能需要的抗体存在，只要入侵抗原与合适的抗体产生反应，通过结合，抗体能够将毒素中和，使毒素不能参与任何有害于身体的反应，身体就会供给更多的这种抗体。

虽然某些免疫学家仍笃信这一理论或其修正版，但这种说法颇令人怀疑。因为动物似乎不可能准备好千千万万种抗体以对抗各种抗原。

另外有些人则认为，身体内存在着一般性蛋白质分子，这些蛋白质分子可以改变形状与抗原结合。也就是说，抗原充当了抗体成形的模板。

1940年，泡令提出了这种理论。他认为，各种抗体只不过是同一基本分子的各种不同形式而已，所不同的是折叠的方式。换句话说，抗体会随抗原而改变它的形状，就像手套可随手形改变一样。随着蛋白质分析技术的进步，1969年，由埃德尔曼所领导的科学家小组终于研究出由1000多个氨基酸组成的一种典型抗体的结构，埃德尔曼因此获得1972年诺贝尔医学与生理学奖。

通过结合，抗体能够将毒素中和，使毒素不能参与任何有害于身体的反应，抗体也可以与病毒或细菌表面上的一些区域结合。假如一个抗体能够同时与两个不同的点结合的话，那么抗体就可以引起凝集反应，使两个微生物粘在一起而丧失繁殖或入侵细胞的能力。

抗体的结合会对参与结合的细胞产生标记作用，使吞噬细胞比较容易将它吞食掉。此外，抗体的结合可能促使补体系统更活跃，因而使补体系统能够利用酶在入侵细胞的壁上穿孔，将入侵细胞消灭。

小知识大视野

免疫是人体的一种生理功能，人体依靠这种功能识别"自己"和"非己"成分，从而破坏和排斥进入人体的抗原物质，或人体本身所产生的损伤细胞和肿瘤细胞等，以维持人体的健康。它是抵抗或防止微生物或寄生物的感染或其他所不希望的生物侵入的一种状态。

英国疯牛病的未解之谜

克-雅氏症盛行英国

1996年3月20日，位于伦敦市中心和泰晤士河边的议会大厦里一片寂静，数百名议员正在屏住呼吸听取卫生大臣杜维尔神色凝重地宣读一份报告，报告中称英国已经发现了10例新型克-雅氏症患者。当英国政府被迫承认疯牛病时，距英国发现首例疯牛病已经整整10年了。10年来，这种病迅速蔓延，英国每年有成千上万头牛因患这种病导致神经错乱、痴呆，不久死亡。

疯牛病又名牛类海绵状脑炎症，又称为克-雅氏症。这种疾病最早是由两位名叫克罗伊菲尔德和雅可布的科学家于1957年在非

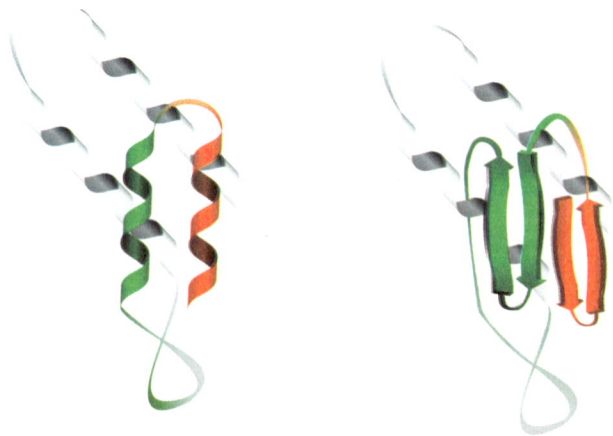

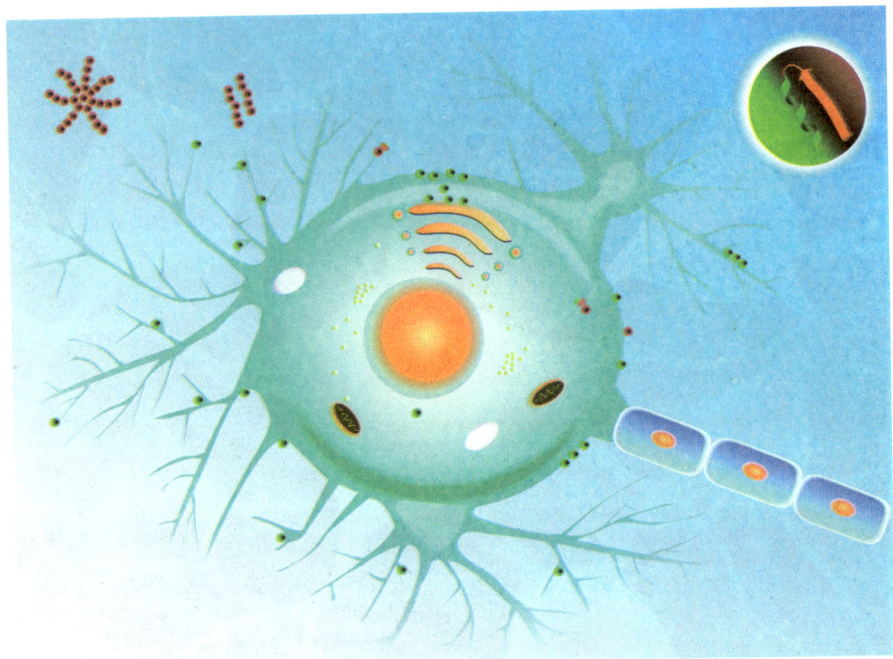

洲巴布亚新几内亚的一个原始部落里发现的。

他们当时发现该部落流行一种奇怪的传染病，却又无法找到有关的细菌和病毒。最后他们发现，这种病是由于该部落在祭奠死者时吃掉死者尸体后感染的。为了纪念这两位勇于探索的科学家，该流行病被后人命名为"克罗伊菲尔德-雅可布氏症"。

克-雅氏症是由一种俗称普里昂的朊病毒引起的，该朊病毒只具备蛋白质，而没有普通病毒通常必需的核酸，这种异常的蛋白质已被美国生物学家普鲁西内尔发现，普鲁西内尔因此获得了1997年诺贝尔奖金。这种蛋白质存在于人和其他哺乳动物的体内。普通的普里昂蛋白质不会引起疾病，但变异的蛋白质会经过生物体内部的循环逐渐聚集在大脑和脊髓里，破坏神经细胞，并在大脑里产生大量空洞，最终导致人和动物死亡。对这些生物解

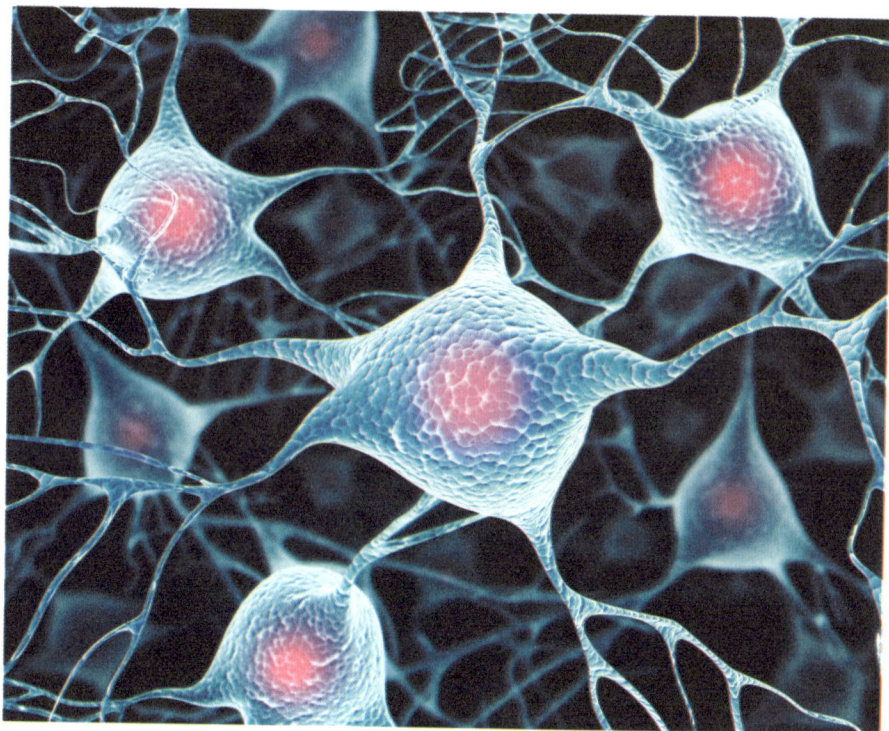

剖后发现，其脑组织已经被破坏成海绵状，因此这种病又被称为海绵状脑病。最为可怕的是，变异的普里昂蛋白质不会引起人体内的免疫反应，故患者发病前无异常症状，很难做早期诊断。正因为它具有抗免疫力，所以患者抵抗疾病的免疫系统对它不起作用，一旦发病，只能向死神投降。

引发疯牛病的原因

疯牛病又是由什么引起的呢？科学家认为，疯牛病的引发和传播是因英国1981年制定的牛饲料加工工艺，允许使用牛羊等动物的肉和内脏作饲料，使得异常的普里昂蛋白质进入牛体内。

从1986年发现第一例疯牛病到1996年3月20日政府正式承认之前的整整10年间，英国政府并未采取积极的预防措施，反而多次公开说吃牛肉不会导致疯牛病，以稳定民心。

英国政府1995年才采取了一些相应的解决措施，停止使用牛羊内脏作饲料和增加肉类安全检查等措施，但为时已晚。悲剧的种子早已埋下，疯牛病带来的恐慌已不亚于艾滋病。

疯牛病又给人类提出了新的挑战。英国科学家估计，英国有可能感染上克－雅氏症的人高达200万之多！由于这种病有10年至30年的潜伏期，专家估计还要再过10年才会出现大流行。

英国路透社援引权威医学人士的预言说，如果今后几年内每年都发现几十个新型克－雅氏症的话，那么仅2015年一年，英国就会有5000至20万克－雅氏症患者发病。

医学家研究证实，牛患疯牛病，是痒病传到牛身上所致。痒病是绵羊所患的一种致命的慢性神经性机能病。其实痒病的发生已有200余年的历史。不过，医学界至今未能找到导致痒病的根源，因此，疯牛病的病原也就难以确定。

小知识大视野

疯牛病于1986年最早发现于英国，随后由于英国疯牛病感染牛或肉骨粉的出口，将该病传给其他国家。至2001年1月，已有英国、爱尔兰、葡萄牙、瑞士、法国、比利时、丹麦、德国、卢森堡、荷兰、西班牙、列支敦士登、意大利、加拿大、日本等15个国家发生过疯牛病。易感动物为牛科动物，包括家牛、非洲林羚、大羚羊以及瞪羚、白羚、金牛羚、弯月角羚和美欧野牛等。

发酵的主角是微生物吗

微生物在发酵中的作用

"发酵工程"是个新词，但用发酵方法来酿酒、制酱、做醋、做奶酪，却是几千年前人类就掌握了的生物技术。直到今天人们还在继续做这些事。但传统方法的发酵过程非常繁琐，费时费力。比如用小麦、大豆等原料做酱油需要半年至一年的时间，而且还要准备好大大小小、许许多多的容器。

现代"发酵工程"的做法可就大不一样了。以日本的一家制

酱油的公司为例，他们的做法是，将一种耐乳酸细菌和一种酵母菌一起固定在海藻酸钙凝胶上，再装入制造酱油的发酵罐。将各种营养物和水从罐顶慢慢地注入，产品酱油就不停地从罐底流出来，形成一个连续生产的过程。从原料到成品的周期不到3天。

这里提到的发酵罐是现代发酵工程的重要标志。目前世界上最大的发酵罐高度超过100米，容量可达4000立方米。

发酵工程的主角是微生物。微生物是一种通称，它包括了所有形状微小、结构简单的低等生物。

一提到微生物，有些人就会皱起眉头，感到憎恶。因为他们想到的是微生物带来了人类的疾病，带来了植物的病害和食物的变质。其实，这种感情是不太公正的。

对人类而言，大多数微生物是有益无害的，会造成损害的微生物只是少数。就总体来说，微生物是功大于过的，而且是功远远大于过。近年来迅速崛起的发酵工程，正是这些微生物在忙忙碌碌，工作不息，甚至不惜粉身碎骨，才使得五光十色的产品能一一面世。从"乐百氏奶"等乳酸菌饮料，到比黄金还贵的干扰毒等药品，都是微生物对人类的无私奉献。微生物在发酵过程里充当着生产者的角色，这与它的特性是分不开的。它们具有孙悟空式的生存本领、猪八戒式的好胃口，还组成了天下第一的"超生游击队"。

孙悟空是怎么折腾也不会死的英雄。微生物的生存本领也好生了得。它们对周围环境的温度、压强、酸碱度、干湿条件都有极强的适应力，在10千米深的海底，人会被压成一张纸，而有些细菌仍逍遥自在地生活。在零下250℃的超低温下，有些微生物仍不死去，只是处于"冬眠"状态而已。

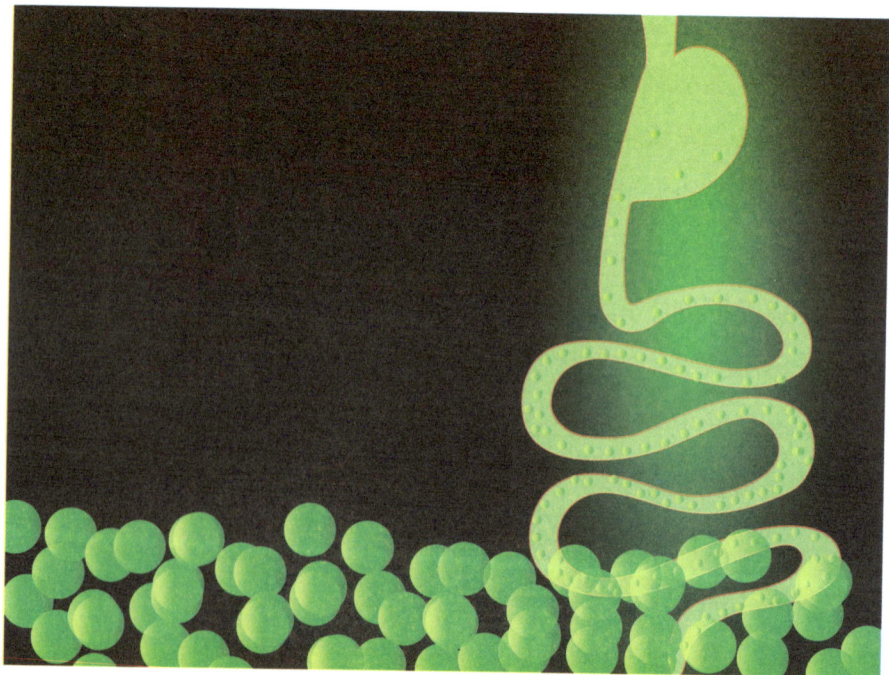

如果条件适宜，微生物会不断繁衍生长，从没有见过它们自行死亡。而这帮不死的小家伙还极为贪吃，甚至饥不择食。好吃的食品自不必说，连石油、塑料、金属氧化物、工业垃圾和DDT、砒霜等毒药，都会成为某些微生物竞相吞吃的美味。

吃得多，长得快，繁殖速度自然十分惊人。如果一个大肠杆菌能顺利无阻地繁殖，两天后其重量等于地球重量的4倍。

现代发酵罐的巨大功能

正是微生物的这些特点使它们成为发酵工程中的主将和功臣。发酵罐是微生物在发酵过程中生长、繁殖和形成产品的外部环境装置。它取代了传统的发酵容器——形形色色的培养瓶、酱缸和酒窖。与传统的容器相比，发酵罐最明显的优势在于：它能进行严格的灭菌，能使空气按需要流通，从而提供良好的发酵环境；它能实施搅拌、震荡以促进微生物生长；它能对温度、压力、空气流量实行自动控制；它能通过各种生物传感器测定发酵罐内菌体浓度、营养成分、产品浓度等，并用电脑随时调节发酵进程。所以，发酵罐能实现大规模连续生产，最大限度地利用原料和设备，获得高产量和高效率。这样，人们就可以充分利用发酵方法来生产所需的食品或其他产品。可以简单地说，发酵工程就是通过研究改造发酵作用的菌种，并应用现代技术手段控制发酵过程来大规模工业化地生产发酵产品。蛋白质是构成人体组织的主要材料，也是地球上十分缺乏的食品。用发酵工程来大量快速地生产单细胞蛋白，就补充了自然产品的不足。

因为在发酵罐内，每一个微生物就是一座蛋白质合成工厂。每一个微生物体重的 50％～70％都是蛋白质。这样人们就可以利用许多"废料"，来生产高质量的食品。所以，生产单细胞蛋白是发酵工程对人类的杰出贡献之一。此外，发酵工程还可以制造人体不可缺少的赖氨酸以及许多种医药产品。我们常用的抗生素几乎都是发酵工程的产品。

发酵工程的运用前景

发酵工程不仅生产食品和药品，还是解决能源危机的有力武器。石油、煤、天然气这些传统能源终将消耗殆尽，人类怎样才能继续生活下去，科学家们为此耗尽心血。

20世纪80年代，人们终于看到了希望：一方面是核能、风能、太阳能利用取得巨大进展；另一方面，发酵工程的出现，可使地球上每年生产的大量纤维物质——稻草、麦秸、玉米秸、灌木、干草、树叶等，经"发酵工程"转化，成为人类新能源。

在开发生物新能源的同时，发酵工程还可以完成另一个重要使命，即处理废物，净化环境，减少以至基本消除环境污染。

总之，现代发酵工程能够帮助人们制造食品，制造药品，开发能源，净化环境。古老的生物发酵法，一旦用现代高科技方法加以改进，就千百倍地提高了生产效率，使老技术焕发了青春，为人类做出了巨大贡献。

小知识大视野

发酵工程是指采用工程技术手段，利用生物，主要是微生物和有活性的离体酶的某些功能，为人类生产有用的生物产品，或直接用微生物参与控制某些工业生产过程的一种技术。随着科学技术的进步，发酵技术也有了很大的发展，并且已经进入能够人为控制和改造微生物，使这些微生物为人类生产产品的现代发酵工程阶段。

用发酵罐能生产化工产品吗

发酵法可生产多种化工产品

如果要问：从发酵罐中能否生产化工产品？可以明确回答：能。

化工产品在人们心目中是从化工厂里生产出来的。但由于发酵工程的特殊性能和特殊作用，从发酵罐中提取化工产品已变得很容易了。

乙醇是一种用途广泛的化工原料。乙醇就是发酵罐的产物。

科学家预测，在21世纪，生产化工原料的一些传统合成方法

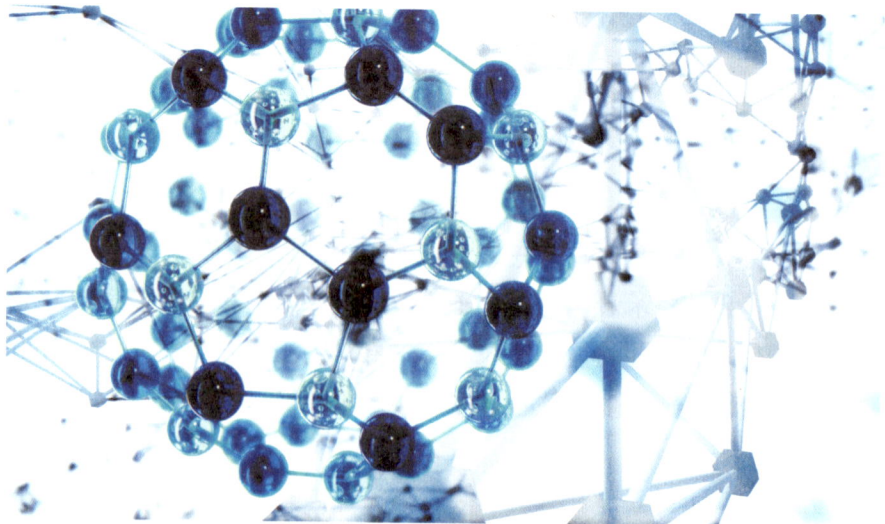

将被发酵法所代替。这是因为微生物能合成许多化工产品。

据不完全统计，用发酵法生产的化工原料多达几百种，虽然这个绝对数字不大，但前景广阔。

比如化工上用的溶剂、润滑剂、软化剂、萃取剂、胶粘剂、酶制剂，还有塑料、炸药、汽油添加剂、代用燃料、化妆品、阻冻剂、刹车油、柠檬酸、乙烯、乙醛、丙酮、丁醇、丁二烯等，都可从发酵罐中提取。

发酵法的生产应考虑成本

一般来说，有工业用途的有机物的生产，既可以用合成法，也可以用发酵法。用哪种方法生产，取决于它的经济效益。

发酵生产，其原料大多采用糖类和淀粉；而化学合成，其原料主要是石油和它的衍生物。这就是说，要考虑到原料成本，也要考虑转化率和回收成本。

只要发酵法合成比化学合成产量高、成本低，那么就应该采用发酵法，从发酵罐中提取化工原料。

小知识大视野

工业生产上笼统地把一切依靠微生物的生命活动而实现的工业生产均称为"发酵"。这样定义的发酵就是"工业发酵"。工业发酵要依靠微生物的生命活动，生命活动依靠生物氧化提供的代谢能来支撑，因此工业发酵应该覆盖微生物生理学中生物氧化的所有方式：有氧呼吸、无氧呼吸和发酵。

豆类为什么是"懒人庄稼"

种豆为什么不用施肥

俗话说，"懒人种豆"。因为大家都知道，豆类作物不需要施肥，种下后几乎可以坐等收获，是一种"懒人庄稼"。

豆类作物为什么不需要施肥呢？是因为它的根部会与土壤中的根瘤菌结合形成根瘤，而根瘤菌会把空气中的氮气转变成植物能直接利用的形式，源源不断地供给植物。

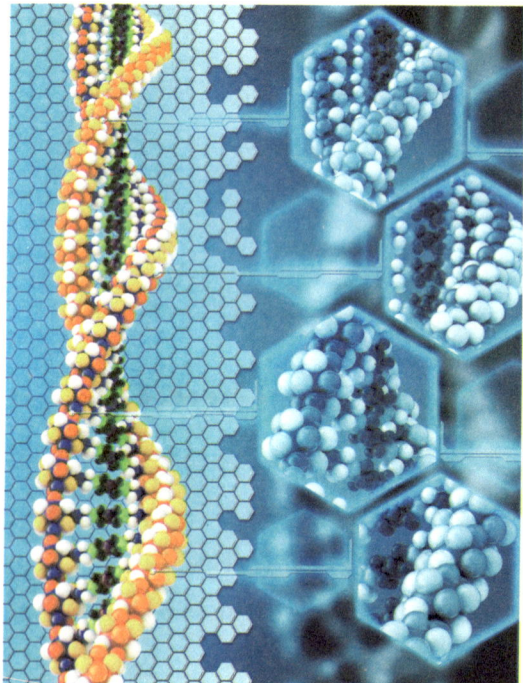

这也就是说，每一棵豆科植物都拥有一座小型的氮肥厂，自给自足，绰绰有余。土壤中根瘤菌到处都有，独有豆科植物对它有吸引力。

这是因为豆科植物有一种固氮基因，这种基因在根部发育到一定阶段就会起作用，向土壤中的根瘤菌发出信号，欢迎它们来"做客"、"定居"。

种其他粮食能不施肥吗

当基因工程方兴未艾之时，一个极其动人的主意很自然地跳了出来：如果豆科作物的固氮基因转移给水稻、小麦、棉花，那该多好！不要说省去了成亿吨的化肥，也不要说省去了施肥的大量劳力，就对于改善土壤结构、保护生态环境来说，这也是功德无量的好事。所以，在整个植物基因工程中，固氮基因的转移成了皇冠上的明珠。许多学者孜孜不倦地进行着研究，希望早日攻下这座堡垒。现在，固氮微生物细胞中遗传固氮能力的核心——固氮基因，已经能够在原核生物界细菌之间转移，人们正在进一步研究将它向真核生物——酵母菌中转移。

我国科学家采用基因工程技术，已经选育出了适合我国水稻应用的耐氨固氮菌，这是一种奇妙的"增产菌"。当水稻根部接上这种菌之后，可以获得相当于每666平方米土地增施2~2.5千克纯氮肥的增产效果。今后，这种耐氨固氮菌将在全国农村大面积推广。

小知识大视野

根瘤菌生活在土壤中，过着"腐生生活"。当土壤中有相应的豆科植物生长时，根瘤菌迅速向它根部靠拢，从根毛弯曲处进入根部。豆科植物根部在根瘤菌的刺激下迅速分裂膨大，形成"瘤子"，为根瘤菌提供了理想的活动场所，还供应了丰富的养料，让根瘤菌生长繁殖。根瘤菌则为豆科植物制作"氮餐"，使其枝繁叶茂。

图书在版编目(CIP)数据

生物神奇绝招/王兴东著. —武汉:武汉大学出版社,2013.9
(2021.8 重印)
ISBN 978-7-307-11651-1

Ⅰ.生… Ⅱ.王… Ⅲ.①生物–青年读物 ②生物–少年读物
Ⅳ. Q1–49

中国版本图书馆 CIP 数据核字(2013)第 210474 号

责任编辑:刘延姣 责任校对:马 良 版式设计:大华文苑

出版发行:武汉大学出版社 (430072 武昌 珞珈山)
(电子邮箱:cbs22@ whu. edu. cn 网址:www. wdp. com. cn)
印刷:三河市燕春印务有限公司
开本:710×1000 1/16 印张:10 字数:156 千字
版次:2013 年 9 月第 1 版 2021 年 8 月第 3 次印刷
ISBN 978-7-307-11651-1 定价:29.80 元